工业机器人技术专业"十三五"规划教材

工业机器人应用人才培养指定用书

工业机器人
编程基础
（KUKA机器人）

◆ 主　编　张明文　张宋文　付化举

◆ 副主编　黄建华　王璐欢　余代雄　王　博　高　翔

 http://www.irobot-edu.com

教学视频+电子教案+技术交流论坛

哈尔滨工业大学出版社
HITP HARBIN INSTITUTE OF TECHNOLOGY PRESS

内 容 简 介

本书基于库卡（KUKA）工业机器人，从机器人应用过程中需掌握的技能出发，由浅入深、循序渐进地介绍了 KUKA 机器人入门实用知识；从安全操作注意事项切入，配合丰富的实物图片，系统介绍了 KUKA 工业机器人首次拆箱安装、示教器和机器人示教、手动操纵机器人、工具及基坐标系的定义及建立、I/O 通信及配置、指令与编程、零点标定等实用内容。基于具体案例，详细讲解了机器人系统的编程、调试、自动生产的过程。通过学习本书，读者会对 KUKA 工业机器人实际使用过程有一个全面清晰的认识。

本书图文并茂，通俗易懂，具有很强的实用性和可操作性，既可作为高等院校和中高职院校工业机器人相关专业的教材，又可作为工业机器人培训机构用书，同时可供相关行业的技术人员参考。

本书有丰富的配套教学资源，凡使用本书作为教材的教师可咨询相关的机器人实训装备，也可通过书末"教学资源获取单"索取相关数字教学资源。咨询邮箱：edubot_zhang@126.com。

图书在版编目（CIP）数据

工业机器人编程基础：KUKA 机器人 / 张明文，张宋文，付化举主编. —哈尔滨：哈尔滨工业大学出版社，2021.8（2023.12 重印）

ISBN 978-7-5603-9577-7

Ⅰ. ①工⋯ Ⅱ. ①张⋯ ②张⋯ ③付⋯ Ⅲ. ①工业机器人—程序设计 Ⅳ. ①TP242.2

中国版本图书馆 CIP 数据核字（2021）第 132284 号

策划编辑　王桂芝　张　荣
责任编辑　张　荣
出版发行　哈尔滨工业大学出版社
社　　址　哈尔滨市南岗区复华四道街 10 号　邮编 150006
传　　真　0451-86414749
网　　址　http://hitpress.hit.edu.cn
印　　刷　哈尔滨市石桥印务有限公司
开　　本　787 mm×1 092 mm　1/16　印张 17.75　字数 420 千字
版　　次　2021 年 8 月第 1 版　2023 年 12 月第 2 次印刷
书　　号　ISBN 978-7-5603-9577-7
定　　价　68.00 元

工业机器人技术专业"十三五"规划教材

工业机器人应用人才培养指定用书

编 审 委 员 会

序　一

现阶段，我国制造业面临资源短缺、劳动成本上升、人口红利减少等压力，而工业机器人的应用与推广，将极大地提高生产效率和产品质量，降低生产成本和资源消耗，有效地提高我国工业制造竞争力。我国《机器人产业发展规划（2016—2020）》强调，机器人是先进制造业的关键支撑装备和未来生活方式的重要切入点。广泛采用工业机器人，对促进我国先进制造业的崛起，有着十分重要的意义。"机器换人，人用机器"的新型制造方式有效推进了工业转型升级。

工业机器人作为集众多先进技术于一体的现代制造业装备，自诞生至今已经取得了长足进步。当前，新科技革命和产业变革正在兴起，全球工业竞争格局面临重塑，世界各国紧抓历史机遇，纷纷出台了一系列国家战略：美国的"再工业化"战略、德国的"工业4.0"计划、欧盟的"2020增长战略"，以及我国推出的"中国制造2025"战略。这些国家都以先进制造业为重点战略，并将机器人作为智能制造的核心发展方向。伴随机器人技术的快速发展，工业机器人已成为柔性制造系统（FMS）、自动化工厂（FA）、计算机集成制造系统（CIMS）等先进制造业的关键支撑装备。

随着工业化和信息化的快速推进，我国工业机器人市场已进入高速发展时期。国际机器人联合会（IFR）统计显示，截至2016年，中国已成为全球最大的工业机器人市场。未来几年，中国工业机器人市场仍将保持高速的增长态势。然而，现阶段我国机器人技术人才匮乏，与巨大的市场需求严重不协调。《中国制造2025》强调要健全、完善中国制造业人才培养体系，为推动中国制造业从大国向强国转变提供人才保障。从国家战略层面而言，推进智能制造的产业化发展，工业机器人技术人才的培养极其重要。

目前，结合《中国制造2025》的全面实施和国家职业教育改革，许多应用型本科、职业院校和技工院校纷纷开设工业机器人相关专业，但作为一门专业知识面很广的实用型学科，普遍存在师资力量缺乏、配套教材资源不完善、工业机器人实训装备不系统、技能考核体系不完善等问题，导致无法培养出企业需要的专业机器人技术人才，严重制约了我国机器人技术的推广和智能制造业的发展。江苏哈工海渡教育科技集团有限公司依托哈尔滨工业大学在机器人方向的研究实力，顺应形势需要，产、学、研、用相结合，组织企业专家和一线科研人员开展了一系列企业调研，面向企业需求，联合高校教师共同编写了"工业机器人技术专业'十三五'规划教材"系列图书。

该系列图书具有以下特点：

（1）循序渐进，系统性强。该系列图书从工业机器人的入门实用、技术基础、实训指导，到工业机器人的编程与高级应用，由浅入深，有助于系统学习工业机器人技术。

（2）配套资源，丰富多样。该系列图书配有相应的电子课件、视频等教学资源，以及配套的工业机器人教学装备，构建了立体化的工业机器人教学体系。

（3）通俗易懂，实用性强。该系列图书言简意赅，图文并茂，既可用于应用型本科、职业院校和技工院校的工业机器人应用型人才培养，也可供从事工业机器人操作、编程、运行、维护与管理等工作的技术人员参考学习。

（4）覆盖面广，应用广泛。该系列图书介绍了国内外主流品牌机器人的编程、应用等相关内容，顺应国内机器人产业人才发展需要，符合制造业人才发展规划。

"工业机器人技术专业'十三五'规划教材"系列图书结合实际应用，教、学、用有机结合，有助于读者系统学习工业机器人技术和强化、提高实践能力。本系列图书的出版发行，必将提高我国工业机器人专业的教学效果，全面促进"中国制造 2025"国家战略下我国工业机器人技术人才的培养和发展，大力推进我国智能制造产业变革。

中国工程院院士　蔡鹤皋

2017 年 6 月于哈尔滨工业大学

序 二

自出现至今短短几十年中，机器人技术的发展取得长足进步，伴随产业变革的兴起和全球工业竞争格局的全面重塑，机器人产业发展越来越受到世界各国的高度关注，主要经济体纷纷将发展机器人产业上升为国家战略，提出"以先进制造业为重点战略，以'机器人'为核心发展方向"，并将此作为保持和重获制造业竞争优势的重要手段。

作为人类在利用机械进行社会生产史上的一个重要里程碑，工业机器人是目前技术发展最成熟且应用最广泛的一类机器人。工业机器人现已广泛应用于汽车及零部件制造，电子、机械加工，模具生产等行业以实现自动化生产线，并参与焊接、装配、搬运、打磨、抛光、注塑等生产制造过程。工业机器人的应用，既保证了产品质量，提高了生产效率，又避免了大量工伤事故，有效推动了企业和社会生产力发展。作为先进制造业的关键支撑装备，工业机器人影响着人类生活和经济发展的方方面面，已成为衡量一个国家科技创新和高端制造业水平的重要标志。

伴随着工业大国相继提出机器人产业政策，如德国的"工业4.0"、美国的"先进制造伙伴计划"与"中国制造2025"等国家政策，工业机器人产业迎来了快速发展态势。当前，随着劳动力成本上涨、人口红利逐渐消失，生产方式向柔性、智能、精细转变，中国制造业转型升级迫在眉睫。全球新一轮科技革命和产业变革与中国制造业转型升级形成历史性交汇，中国已经成为全球最大的机器人市场。大力发展工业机器人产业，对于打造我国制造业新优势、推动工业转型升级、加快制造强国建设、改善人民生活水平具有深远意义。

我国工业机器人产业迎来爆发性的发展机遇，然而，现阶段我国工业机器人领域人才储备数量严重不足，对企业而言，从工业机器人的基础操作维护人员到高端技术人才普遍存在巨大缺口，缺乏经过系统培训、能熟练安全应用工业机器人的专业人才。现代工业是立国的基础，需要有与时俱进的职业教育和人才培养配套资源。

"工业机器人技术专业'十三五'规划教材"系列图书由江苏哈工海渡教育科技集团有限公司联合众多高校和企业共同编写完成。该系列图书依托于哈尔滨工业大学的先进机器人研究技术，综合企业实际用人需求，充分贯彻了现代应用型人才培养"淡化理论，技能培养，重在运用"的指导思想。该系列图书既可作为应用型本科、中高职院校工业机器人技术或机器人工程专业的教材，也可作为机电一体化、自动化专业开设工业机器人相关课程的教学用书；系列图书涵盖了国际主流品牌和国内主要品牌机器人的入门实用、实训指导、技术基础、高级编程等系列教材，注重循序渐进与系统学习，强化学生的工业机器人专业技术能力和实践操作能力。

　　该系列教材"立足工业，面向教育"，填补了我国在工业机器人基础应用及高级应用系列教材中的空白，有助于推进我国工业机器人技术人才的培养和发展，助力中国智造。

中国科学院院士

2017 年 6 月

前　言

　　机器人是先进制造业的重要支撑装备，其技术是未来智能制造业的关键切入点。工业机器人作为机器人家族中的重要一员，是目前技术最成熟、应用最广泛的一类机器人。工业机器人的研发水平及其产业化应用是衡量科技创新和高端制造发展水平的重要标志。发达国家已经把工业机器人产业发展效果作为抢占未来制造业市场、提升竞争力的重要途径。在汽车工业、电子电器、工程机械等众多行业大量使用工业机器人自动化生产线，这不但保证了产品质量，改善了工作环境，同时也提高了社会生产效率，有力地推动了企业和社会生产力的发展。

　　当前，随着我国劳动力成本上涨，人口红利逐渐消失，生产方式向柔性、智能、精细化转变，所以构建新型智能制造体系迫在眉睫，对工业机器人的需求呈现大幅增长。大力发展工业机器人产业，对于打造我国制造业新优势，推动工业转型升级，加快制造强国建设，改善人民生活水平具有深远意义。《中国制造2025》将机器人作为重点发展领域的总体部署，机器人产业已经上升到国家战略层面。

　　在全球范围内的制造产业战略转型期，我国工业机器人产业迎来爆发性的发展机遇，然而，现阶段我国工业机器人领域人才供需失衡，缺乏经系统培训的、能熟练安全使用和维护工业机器人的专业人才。国务院在《关于推行终身职业技能培训制度的意见》中指出：职业教育要适应产业转型升级需要，着力加强高技能人才培养，全面提升职业技能培训基础能力，加强职业技能培训教学资源建设和基础平台建设。针对这一现状，为了更好地推广工业机器人技术的应用，亟须编写一本系统全面的工业机器人入门实用教材。

　　本书以 KUKA 机器人为主，结合工业机器人仿真系统和工业机器人模块化实训台，遵循"由简入繁、软硬结合、循序渐进"的编写原则，依据初学者的学习需要科学设置知识点。本书结合实训台典型实例讲解，倡导实用性教学，这样有助于激发学习兴趣，提高教学效率，便于初学者在短时间内全面、系统地了解工业机器人操作的基本常识。

　　本书图文并茂，通俗易懂，实用性强，既可以作为普通高校及中高职院校机电一体化、电气自动化及机器人等相关专业的教学和实训教材，也可以作为工业机器人培训机构的培训教材和KUKA 机器人入门培训的初级教程，供从事相关行业的技术人员参考。

　　机器人技术专业具有知识面广、实操性强等显著特点，为了提高教学效果，在教学方法上，建议采用启发式教学、开放性学习，重视实操演练、小组讨论；在学习过程中，建议结合本书配套的教学辅助资源，如：机器人仿真软件、六轴机器人实训台、教学课件及视频素材、教学参考与拓展资料等进行学习。以上资源可通过书末所附的"教学资源获取单"咨询获取。

本书由张明文、张宋文、付化举任主编，黄建华、王璐欢、余代雄、王博、高翔任副主编，王伟任主审。全书由张明文统稿，具体编写分工如下：张明文、张宋文、付化举编写第 1～4 章；黄建华编写第 5～8 章；王璐欢、余代雄编写第 9～11 章。本书在编写过程中得到中双元（杭州）科技有限公司有关领导和工程技术人员的鼎力支持与帮助，在此表示衷心的感谢。

由于编者水平有限，书中难免存在疏漏及不妥，敬请读者批评指正。任何意见和建议可反馈至 E-mail:edubot_zhang@126.com。

编　者

2021 年 5 月

目　　录

第1章 工业机器人概述

机器人是典型的机电一体化装置，它涉及机械、电气、控制、检测、通信和计算机等方面的知识。以互联网、新材料和新能源为基础，以"数字化智能制造"为核心的新一轮工业革命即将到来，而工业机器人则是"数字化智能制造"的重要载体。

1.1 工业机器人行业概况

当前，新科技革命和产业变革正在兴起，全球制造业正处在巨大的变革之中，《中国制造 2025》《机器人产业发展规划（2016—2020 年）》《智能制造发展规划（2016—2020 年）》等强国战略规划，引导着中国制造业向着智能制造的方向发展。《中国制造 2025》提出了大力推进重点领域突破

❋ 工业机器人概况

发展，而机器人作为十大重点领域之一，其产业发展已经上升到国家战略层面。工业机器人作为智能制造领域最具代表性的产品，"快速成长"和"进口替代"是现阶段我国工业机器人产业最重要的两个特征。我国目前正处于制造业升级的重要时期，智能化改造需求空间巨大且在迅速增长，工业机器人产业迎来重要发展机遇。

受下游汽车、电子电气等行业景气度下滑的影响，中国工业机器人市场规模增速较上年放缓。2019 年，我国工业机器人的销量仍处于高位，累计销量 14.05 万台。据 2020 年国际机器人联合会（IFR）最新报告统计，目前中国工厂有 78.3 万台工业机器人在运行，与 2019 年相比增长 21%。预计到 2022 年，工业机器人市场规模将进一步增长，达到 552.3 亿元。图 1.1 为 2013～2019 年中国工业机器人产业销量情况。

根据国际机器人联合会（IFR）数据显示，2019 年自动化生产在世界范围内不断加速，中国机器人密度的发展在全球也最具活力。由于机器人设备的大幅度增加，特别是 2013～2019 年，我国机器人密度从 2013 年的 25 台/万人增加到 2019 年的 187 台/万人，高于全球平均水平，未来仍有巨大发展空间。2020 年全球机器人密度如图 1.2 所示。

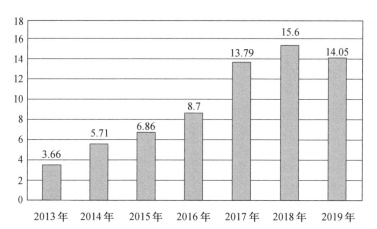

图 1.1　2013～2019 年中国工业机器人产业销量（单位：万台）

（数据来源：国际机器人联合会 IFR）

图 1.2　2019 年全球机器人密度（单位：台/万人）

（数据来源：国际机器人联合会 IFR）

　　国内机器人产业表现出来的发展态势是爆发性的，而行业人才的严重缺失大大制约着国内机器人产业的发展，培养工业机器人行业人才迫在眉睫。工业机器人行业的多品牌竞争局面，迫使学习者需要根据行业特点和市场需求，合理选择学习和使用某品牌的工业机器人，从而提高自身职业技能和个人竞争力。2020 年我国工业机器人厂商市场份额，如图1.3 所示。

图 1.3 2020 年我国工业机器人厂商市场份额（单位：%）

（数据来源：国际机器人联合会 IFR，兴业证券经济与金融研究院整理）

1.2 工业机器人定义和特点

工业机器人虽然是技术上最成熟、应用最广泛的机器人，但对其具体的定义，科学界尚未统一，目前公认的是国际标准化组织（ISO）的定义。

国际标准化组织的定义为："工业机器人是一种能自动控制、可重复编程、多功能、多自由度的操作机，能够搬运材料、工件或者操持工具来完成各种作业。"

我国国家标准将工业机器人定义为："自动控制的、可重复编程、多用途的操作机，并可对三个或三个以上的轴进行编程。它可以是固定式或移动式。在工业自动化中使用。"

工业机器人最显著的特点有：

➤ **拟人化**：在机械结构上类似于人的手臂或者其他组织结构。

➤ **通用性**：可执行不同的作业任务，动作程序可按需求改变。

➤ **独立性**：完整的机器人系统在工作中可以不依赖于人的干预。

➤ **智能性**：具有不同程度的智能功能，如感知系统、记忆系统等，提高了工业机器人对周围环境的自适应能力。

1.3 工业机器人构型

按照结构运动形式的不同，工业机器人的构型主要有 5 种：直角坐标机器人、柱面坐标机器人、球面坐标机器人、多关节型机器人和并联机器人。

1. 直角坐标机器人

直角坐标机器人在空间上具有多个相互垂直的移动轴，常用的是 3 个轴，即 X、Y、Z 轴，如图 1.4 所示。其末端的空间是通过沿 X、Y、Z 轴来回移动形成的，是一个**长方体**。

（a）示意图　　　　　　　　　　　　（b）实物图

图 1.4　直角坐标机器人

2. 柱面坐标机器人

柱面坐标机器人的运动空间是由基座回转、水平移动和竖直移动形成的，其作业空间呈**圆柱体**，如图 1.5 所示。

（a）示意图　　　　　　　　　　　　（b）实物图

图 1.5　柱面坐标机器人

3. 球面坐标机器人

球面坐标机器人的空间位置机构主要由回转基座、摆动轴和平移轴构成，具有 2 个转动自由度和 1 个移动自由度，其作业空间是**球面的一部分**，如图 1.6 所示。

（a）示意图　　　　　　　　　　　（b）实物图

图 1.6　球面坐标机器人

4. 多关节型机器人

多关节型机器人由多个回转和摆动（或移动）机构组成，按旋转方向可分为**水平多关节机器人**和**垂直多关节机器人**。

➢ **水平多关节机器人**：是由多个竖直回转机构构成的，不能摆动或平移，手臂均在水平面内转动，其作业空间为**圆柱体**，如图 1.7 所示。

（a）示意图　　　　　　　　　　　（b）实物图

图 1.7　水平多关节机器人

> 　**垂直多关节机器人**：是由多个摆动和回转机构组成的，其作业空间近似一个球体，如图 1.8 所示。

（a）示意图　　　　　　　　　　　　（b）实物图

图 1.8　垂直多关节机器人

5. 并联机器人

并联机器人的基座和末端执行器之间通过至少两个独立的运动链相连接，它的机构具有两个或两个以上自由度，且以并联方式驱动。工业应用最广泛的并联机器人是 DELTA 并联机器人，如图 1.9 所示。

相对于并联机器人而言，只有一条运动链的机器人称为**串联机器人**。

（a）示意图　　　　　　　　　　　　（b）实物图

图 1.9　DELTA 并联机器人

1.4　工业机器人主要技术参数

选用什么样的工业机器人，首先要了解机器人的主要技术参数，然后根据生产和工艺的实际要求，通过机器人的技术参数来选择机器人的机械结构、坐标形式和传动装置等。

机器人的技术参数反映了机器人的适用范围和工作性能，主要包括自由度、额定负载、工作空间、工作精度，其他参数还有：工作速度、控制方式、驱动方式、安装方式、动力源容量、本体质量和环境参数等。

1. 自由度

自由度是指描述物体运动所需要的独立坐标数。

空间直角坐标系又称笛卡尔直角坐标系，它是以空间一点 O 为原点，建立 3 条两两相互垂直的数轴，即 X 轴、Y 轴和 Z 轴，且 3 个轴的正方向符合右手规则，如图 1.10 所示，即右手大拇指指向 X 轴正方向，食指指向 Y 轴正方向，中指指向 Z 轴正方向。

在三维空间中描述一个物体的位姿（即位置和姿态）需要 6 个自由度，如图 1.11 所示，即沿空间直角坐标系 $OXYZ$ 的 X、Y、Z 3 个轴的平移运动 T_x、T_y、T_z 和绕空间直角坐标系 $OXYZ$ 的 X、Y、Z 3 个轴的旋转运动 R_x、R_y、R_z。

图 1.10　右手规则

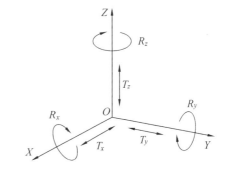

图 1.11　刚体的 6 个自由度

机器人的自由度是指工业机器人相对坐标系能够进行独立运动的数目，不包括末端执行器的动作，如焊接、喷涂等。通常，垂直多关节机器人以 6 自由度为主，SCARA 机器人为 4 自由度，如图 1.12 所示。

机器人的自由度反映机器人动作的灵活性，自由度越多，机器人就越能接近人手的动作机能，通用性越好；但是自由度越多，结构就越复杂，对机器人的整体要求就越高。因此，工业机器人的自由度是根据其用途进行设计的。

（a）KUKA KR4 R600 机器人　　　　　　　　　　（b）SCARA 机器人

图 1.12　机器人的自由度

采用空间开链连杆机构的机器人，因每个关节仅有一个自由度，所以机器人的自由度数就等于它的关节数。

2. 额定负载

额定负载也称有效负荷，是指正常作业条件下，工业机器人在规定性能范围内，手腕末端所能承受的最大载荷。

目前使用的工业机器人的负载范围一般为 0.5～2 300 kg，具体数值见表 1.1。

表 1.1　工业机器人的额定负载

型号	KUKA KR4 R600	KUKA KR 240 R3200 PA	KUKA KR 60 HA	KUKA KR 1000 TITAN F
实物图				
额定负载	4 kg	240 kg	60 kg	1 000 kg

续表 1.1

型号	ABB IRB120	KUKA KR16	FANUC M-1iA/0.5S	FANUC M-200iA/2300
实物图				
额定负载	3 kg	16 kg	0.5 kg	2 300 kg

工业机器人的额定负载通常用载荷图表示，如图 1.13 所示。

（a）空间示意图　　　　　　　　　　（b）载荷曲线图

图 1.13　KUKA KR4 R600 机器人载荷图

在图 1.13 中：L_z（mm）表示负载重心与连接法兰端面的距离；L_{xy}（mm）表示负载重心在连接法兰端面所处平面上的投影与连接法兰中心的距离。图示中负载重心落在 2.5 kg 载荷线上，表示此时负载质量不能超过 2.5 kg。

3. 工作空间

工作空间又称工作范围、工作行程，是指工业机器人作业时，手腕参考中心（即手腕旋转中心）所能到达的空间区域，不包括手部本身所能达到的区域，常用图形表示，如图 1.14 所示。P 点为手腕参考中心，KUKA KR4 R600 机器人的工作空间为 601 mm。

（a）主视图   （b）俯视图

图 1.14　KUKA KR4 R600 机器人工作空间

机器人绕 A1 轴可以回转-170°～+170°，如图 1.14（b）所示，形成的工作空间是球体的一部分。

工作空间的形状和大小反映了机器人工作能力的大小，它不仅与机器人各连杆的尺寸有关，还与机器人的总体结构有关，工业机器人在作业时可能会存在因手部不能到达作业死区而不能完成规定任务。

由于末端执行器的形状和尺寸是多种多样的，为真实反映机器人的特征参数，工作范围一般是指不安装末端执行器时，可以达到的区域。

注意： 在装上末端执行器后，需要同时保证工具姿态，实际的可达空间会和生产商给出的有差距，因此需要通过比例作图或模型核算，来判断是否满足实际需求。

4. 工作精度

工业机器人的工作精度包括定位精度和重复定位精度。

➢ 定位精度又称绝对精度，是指机器人的末端执行器实际到达位置与目标位置之间的差距。

➢ 重复定位精度又称重复精度，是指在相同的运动位置命令下，机器人重复定位其末端执行器于同一目标位置的能力，以实际位置值的分散程度来表示。

实际上机器人重复执行同一位置给定指令时，它每次走过的距离并不相同，都是在一平均值附近变化，该平均值代表精度，变化的幅值代表重复精度，如图 1.15 和图 1.16 所示。机器人具有绝对精度低、重复精度高的特点。常见工业机器人的重复定位精度见表 1.2。

图 1.15　定位精度图

图 1.16　重复定位精度

表 1.2　常见工业机器人的重复定位精度

型号	ABB IRB 120	FANUC LR Mate 200iD/4S	YASKAMA MH12	KUKA KR4 R600
实物图				
重复定位精度	± 0.01 mm	± 0.02 mm	± 0.08 mm	± 0.02 mm

1.5　工业机器人应用

　　工业机器人可以替代人从事危险、有害、有毒、低温和高热等恶劣环境中的工作，还可以替代人完成繁重、单调的重复劳动，可提高劳动生产率，保证产品质量，主要应用于汽车、3C 产品、医疗、食品、通用机械制造、金属加工、船

✳ 工业机器人应用

舶等领域，用以完成搬运、焊接、喷涂、装配、码垛和打磨等复杂作业。工业机器人可以与数控加工中心、自动引导车以及自动检测系统组成柔性制造系统（FMS）和计算机集成制造系统（CIMS），实现生产自动化。

1. 搬运

搬运作业是指采用一种设备握持工件，从一个加工位置移动到另一个加工位置。

搬运机器人可安装不同的末端执行器（如机械手爪、真空吸盘等）以完成各种不同形状和状态的工件搬运，大大减轻了人类的劳动强度。通过编程控制，还可配合各个工序的不同设备实现流水线作业。

搬运机器人广泛应用于机床上下料、自动装配流水线、码垛搬运、集装箱等自动搬运，如图 1.17 所示。

2. 焊接

目前工业领域应用最广的是机器人焊接，如工程机械、汽车制造、电力建设等。焊接机器人能在恶劣的环境下连续工作并能提供稳定的焊接质量，提高工作效率，减轻工人的劳动强度。采用机器人焊接是焊接自动化的革命性进步，突破了焊接专业的传统方式，如图 1.18 所示。

图 1.17　搬运机器人

图 1.18　焊接机器人

3. 喷涂

喷涂机器人适用于生产量大、产品型号多、表面形状不规则的工件的外表面喷涂，广泛应用于汽车、汽车零配件、铁路、家电、建材和机械等行业，如图 1.19 所示。

4. 装配

装配是一个比较复杂的作业过程。装配机器人不仅要检测装配过程中的误差，而且要试图纠正这种误差。装配机器人是柔性自动化系统的核心设备，末端执行器种类多，以适应不同的装配对象；传感系统用于获取装配机器人与环境和装配对象之间相互作用的信息。装配机器人主要应用于各种电器的制造业及流水线产品的组装作业，具有高效、精确、持续工作的特点，如图 1.20 所示。

图 1.19　喷涂机器人　　　　　图 1.20　装配机器人

5. 码垛

码垛机器人是机电一体化高新技术产品，如图 1.21 所示。它可满足中低产量的生产需要，也可按照要求的编组方式和层数，完成对料袋、箱体等各种产品的码垛。

使用码垛机器人能提高企业的生产效率和产量，减少人工搬运造成的错误，还可以全天候作业，节约人力。码垛机器人广泛应用于化工、饮料、食品、啤酒和塑料等生产企业。

6. 涂胶

涂胶机器人一般由机器人本体和专用涂胶设备组成，如图 1.22 所示。

涂胶机器人既能独立实行半自动涂胶，又能配合专用生产线实现全自动涂胶。它具有设备柔性高、做工精细、质量好、适用能力强等特点，可以完成复杂的三维立体空间的涂胶工作。涂胶机器人的工作台可安装激光传感器进行精密定位，以提高产品生产质量，同时使用光栅传感器以确保工人生产安全。

图 1.21　码垛机器人　　　　　图 1.22　涂胶机器人

7. 打磨

打磨机器人是指可进行自动打磨的工业机器人，主要用于工件的表面打磨、棱角去毛刺、焊缝打磨、内腔内孔去毛刺、孔口螺纹口加工等工作，如图 1.23 所示。

打磨机器人广泛应用于 3C、卫浴五金、IT、汽车零部件、工业零件、医疗器械、木材、建材、家具制造等行业。

图 1.23　打磨机器人

思考题

一、填空题

1. 国际标准化组织（ISO）的定义为："工业机器人是一种能_____，_____，_____，_____的操作机，能够搬运材料、工件或者操持工具来完成各种作业。"

2. 按照工业机器人结构运动形式的不同，其构型主要有 5 种：_____、_____、_____、_____和_____。

3. 机器人系统中常用的坐标系为右手坐标系，即 3 个轴的正方向符合右手规则：右手大拇指指向_____轴正方向，食指指向_____轴正方向，中指指向_____轴正方向。

二、选择题

1. 工业机器人显著的特点有（　　　）。

①拟人化；②通用性；③独立性；④智能性；⑤安全性

A. ③④⑤　　　　　　B. ①③④　　　　　　C. ①②③⑤　　　　　　D. ①②③④

2. KUKA KR4 R600 机器人的重复定位精度是（　　　）。

A. ±0.01 mm　　　B. ±0.02 mm　　　C. ±0.05 mm　　　D. ±0.08 mm

三、简答题

1. 我国国家标准对工业机器人的定义是什么?

2. 什么是并联机器人?

3. 什么是机器人的自由度?

4. 什么是工业机器人的额定负荷?

5. 什么是工业机器人的工作空间?

6. 什么是工业机器人的重复定位精度?

7. 工业机器人的应用领域主要有哪些?

第 2 章 KUKA 机器人认知

在操作机器人之前必须严格遵守相关安全操作规程，因此要求熟知机器人系统组成及其各部分功能，并具备机器人组装能力。

2.1 安全操作注意事项

机器人在空间运动时，其动作空间属于危险场所，可能发生意外事故。为确保安全，在操作机器人时，须注意以下事项：

（1）请不要戴手套操作示教器和操作面板。

（2）在点动操作机器人时，要采用较低的速度倍率。

（3）在按下示教器上的点动键之前，要考虑到机器人的运动趋势。

（4）当机器人静止时，永远不要认为机器人没有移动其程序就已经完成，因为这时机器人很有可能是在等待让它继续移动的输入信号。

（5）机器人周围区域必须清洁，无油、水及杂质等。

（6）在开机运行前，必须知道机器人根据所编程序将要执行的全部任务。

（7）必须知道所有会影响机器人移动的开关、传感器和控制信号的位置和状态。

（8）必须知道机器人控制器和外围控制设备上的紧急停止按钮的位置，以备在紧急情况下如何使用这些按钮。

（9）要预先考虑好避让机器人的运动轨迹，并确认该线路不受干涉。

2.2 KUKA 机器人简介

1995 年，库卡（KUKA）机器人有限公司于德国巴伐利亚州的奥格斯堡建立，是世界领先的工业机器人制造商之一。KUKA 是 Keller und Knappich Augsburg 的缩写，它同时也是库卡公司所有产品的注册商标。中国家电企业美的集团在 2017 年 1 月顺利收购德国库卡机器人公司 94.55%的股权。KUKA 机器人广泛应用在仪器仪表、汽车、航天、消费产品、物流、食品、制药、医学、

※ 机器人介绍

铸造、塑料等行业，主要应用于材料处理、机床装料、装配、包装、码垛、焊接、表面修整等领域。

2.2.1　产品系列

KUKA 机器人产品可以分为小型机器人、低负荷、中等负荷、高负荷、重负载、协作型系列，负载范围为 3～1 300 kg，如图 2.1 所示。以下是 KUKA 机器人主要型号的简介（具体的参数规格以 KUKA 官方最新公布数据为准）。

图 2.1　KUKA 机器人产品系列

1. 小型机器人

KUKA KR4 R600 机器人是一款紧凑型机器人，其额定负载为 4 kg，本体质量约 27 kg，工作空间达 601 mm，重复定位精度为 ±0.02 mm。

主要应用：装配、物料搬运、上下料、机加工、喷涂、涂胶等，如图 2.2 所示。

2. 低负荷

KUKA KR 16-2 机器人结构紧凑，动作性能优越，额定载荷为 16 kg，本体质量为 235 kg，工作范围达 1 611 mm，重复定位精度为 ±0.05 mm。

主要应用：切割、上下料、物料搬运、装配、测量等，如图 2.3 所示。

3. 中等负荷

KUKA KR 60 HA 机器人额定负载为 60 kg，本体质量为 665 kg，工作区域达 2 033 mm，重复定位精度为 ±0.15 mm。

主要应用：高精度作业，尤其适合激光应用领域或部件测量领域，如图 2.4 所示。

图 2.2　KUKA KR4 R600 机器人　　图 2.3　KUKA KR 16-2 机器人　　图 2.4　KUKA KR 60 HA 机器人

4. 高负荷

KR 240 R3200 PA 机器人是一款大型高速机器人，其额定负载为 240 kg，本体质量为 1 103 kg，工作区域达 3 195 mm，重复定位精度为 ±0.06 mm。

主要应用：装配、码垛、物料搬运、上下料、机加工等，如图 2.5 所示。

5. 重负载

KR 1000 TITAN 机器人动作范围广，负载能力大，可快速地搬运重物。其额定负载为 1 000 kg，本体质量为 4 700 kg，工作区域达 3 202 mm，重复定位精度为 ±0.1 mm。

主要应用：机加工、上下料、物料搬运、包装、拾料等。可精确地传送电机组、砖石、玻璃、钢梁、船舶部件、飞机部件、大理石毛块、混凝土制品等，如图 2.6 所示。

6. 协作型机器人

LBR iiwa 14 R820 机器人是 KUKA 第一款量产的灵敏型机器人，也是具有人机协作能力的机器人。它的特点：反应快速、自适应、灵敏度高、独立。其额定负载为 3 kg，本体质量为 30 kg，工作区域达 820 mm，重复定位精度为 ±0.15 mm。

主要应用：测量、检测、组装、涂胶等，如图 2.7 所示。

图 2.5　KUKA KR 240 R3200 PA 机器人　图 2.6　KUKA KR 1000 TITAN 机器人　图 2.7　LBR iiwa 14 R820 机器人

2.2.2　专用术语

在学习 KUKA 机器人过程中会遇到很多专用术语，在示教器、手册以及相关书籍中都会遇到。KUKA 机器人常用的术语见表 2.1。

表 2.1　KUKA 机器人常用术语

术语缩写	说　明
KUKA ROBOT GmbH	GmbH（Gesellschaft mit beschraenkter Haftung）是德国、奥地利、瑞士等国家的一种公司组织形式
CK	客户专用运动系统
DTM	Device Type Manager 缩写，即设备类型管理器
KCP	KUKA Control Panel 缩写，即库卡控制面板，是库卡机器人手持式编程器的一般名称，即示教器
KLI	KUKA Line Interface 缩写，即库卡线路接口。KLI 是用于外部通信的机器人控制系统的以太网接口。它是物理接口，可包含多个虚拟接口。KLI 是在库卡系统软件中配置的
KRL	KUKA Robot Language 缩写，即库卡机器人编程语言
KSI	KUKA Service Interface 缩写，即库卡服务接口，是控制柜上 CSP 上的接口。WorkVisual 电脑可通过 KLI（库卡线路接口）与机器人控制系统连接，或将其插在 KSI 上以进行连接
KSS	KUKA System Software 缩写，即库卡系统软件
KRC	KUKA Robot Control 缩写，即库卡机器人控制器
VRC	Virtual Robot Control 缩写，即库卡虚拟机器人控制器
smartHMI	KUKA 机器人控制系统（V）KR C5 的操作界面的名称
smartPAD-2	KUKA 机器人控制系统（V）KR C5 的控制面板（KCP）的名称
OPS	离线编程系统，也称"Office-PC"
KrcDiag	库卡机器人控制器诊断系统
SafeOperation	可实现配置除标准安全功能以外的安全监控的选项总括性概念

2.3　机器人项目实施流程

KUKA 机器人项目在实施过程中主要有 7 个环节：项目分析、机器人组装、系统配置、坐标系建立、I/O 信号配置、编程、自动运行，其流程如图 2.8 所示。

图 2.8　机器人项目实施流程图

其中，在项目分析阶段需要考虑工作环境、机器人选型、现场布局及设备间通信等；对于刚出厂的 KUKA 机器人需要完成相关系统配置，否则无法启动和运行机器人，具体配置过程详见第 2.6 节或者技术手册；坐标系建立一般包括工具坐标系建立和基坐标系建立。

2.4　机器人系统组成

工业机器人一般由三部分组成：机器人本体、控制器、示教器。

本书以 KUKA KR4 R600 机器人为例进行相关介绍和应用分析，其组成结构如图 2.9 所示。

❋　机器人系统组成

图 2.9　KUKA KR4 R600 机器人组成

2.4.1　机器人本体

机器人本体又称操作机，是工业机器人的机械主体，是用来完成规定任务的执行机构，主要由机械臂、驱动装置、传动装置和内部传感器组成。对于六轴机器人而言，其机械臂主要包括基座、腰部、手臂（大臂和小臂）和手腕。

KR4 R600 六轴机器人的机械臂如图 2.10 所示。

图 2.10　KR4 R600 机器人本体示意图

图中：A1～A6 为 KR4 R600 机器人的 6 个轴。

KR4 R600 机器人的规格和特性见表 2.2。

表 2.2　机器人的规格和特性

规格		
型号	工作范围	额定负荷
KR4 R600	601 mm	4 kg
特性		
重复定位精度	±0.02 mm	
机器人安装	地面安装，屋顶安装，墙壁安装，任意角度安装	
防护等级	IP40	
控制器	KRC5 Micro	

机器人的运动范围见表 2.3。

表 2.3　机器人的运动范围

轴运动	工作范围	额定负载时的速度
A1 轴	+170°～-170°	360°/s
A2 轴	+40°～-195°	360°/s
A3 轴	+150°～-115°	488°/s
A4 轴	+185°～-185°	600°/s
A5 轴	+120°～-120°	529°/s
A6 轴	+350°～-350°	800°/s

2.4.2　控制器

KR4 R600 机器人采用 KR C5 Micro 型控制器，其外形如图 2.11 所示。
控制器面板正、反面介绍见表 2.4、表 2.5。

（a）正面　　　　　　　　　　　（b）背面

图 2.11　KR C5 Micro 型控制器

表 2.4　控制器面板正面介绍

序号	名称代号	说　　明
1	XFUSB1 XFUSB2	USB 3.0 接口 XFUSB1 和 XFUSB2
2	XF1-XF8	用于连接以太网与 EtherCAT 的接口： · XF1：KSI 接口（KUKA 服务接口） · XF2：KLI IT 接口（KUKA 线路接口 IT） · XF3：KUKA 内部菊花链，连接"下一台机器人" · XF4：KUKA 内部菊花链，连接"上一台机器人" · XF5：KLI OT 2 接口（KUKA 线路接口 OT） · XF6：KLI OT 1 接口（KUKA 线路接口 OT） · XF7：KONI 接口 · XF8：KEI 接口（KUKA EtherCAT 接口）
3	XGDP	显示器端口
4	XGSD	用于 SD 卡的接口
5	XG19	用于示教器 smartPAD 连接的接口
6	XD12.1 XD12	用于外部客户接口的 24 V 电源 XD12：24 V PWR IN 接口 XD12.1：24 V PWR OUT 接口
7	XG12	连接 16 个数字输入输出端（I/O）的接口
8	XD20.2	电机动力线接口，用于机器人本体电机动力电缆与控制器连接，用于控制轴 4~6
9	XG11.1	安全接口（2 个安全输入端，1 个安全输出端）
10	XG58	安全接口（2 个用于外部使能装置和附加紧急停止的安全输入端）
11	XF21	编码器数据线接口，用于机器人本体编码器电缆与控制器连接
12	XG33	3 个用于快速测量的输入端和一个用于 UL 灯的输出端
13	XD20.1	电机动力线接口，用于机器人本体电机动力电缆与控制器连接，用于控制轴 1~3

表 2.5　控制器面板背面介绍

序号	名称代号	说　　明
1	开关	设备开关
2	F1/F2 Fuse T10A	保险丝 F1 和 F2
3	XD1	电源连接接口
4	XD2	UPS 的 24 V 电源接口或者用于连接到其他机器人控制系统的接口

控制系统操作面板（mini CSP）是用于显示操作状态的显示单元，并与系统板连接。控制系统操作面板布局如图 2.12 所示。控制系统操作面板布局功能见表 2.6。

图 2.12　控制系统操作面板布局

表 2.6　控制系统操作面板布局功能

序号	属性	颜色	含　义
1	指示灯	白色	LED 工作模式（测试或自动）
2	指示灯	绿色	机器人控制系统的 LED 运行状态
3	指示灯	红色	故障 LED
4	指示灯+按键	白色	休眠模式 LED 指示灯

2.4.3　示教器

1. 简介

示教器是工业机器人的人机交互接口，机器人的绝大部分操作均可以通过示教器来完成，如点动机器人，编写、测试和运行机器人程序，设定、查阅机器人状态设置和位置等。示教器通过电缆与控制器连接。

KUKA KR4 R600 机器人采用 smartPAD-2 示教器，如图 2.13 所示。其主要构成有：触摸屏（触摸式操作界面，用手或配备的触摸笔操作）、大尺寸竖型显示屏、KUKA 菜单键、8 个移动键、操作工艺数据包的按键、用于程序运行的按键、6D 鼠标等。

图 2.13　示教器外观图

2. 主要功能

示教器主要功能是处理与机器人系统相关的操作，如：

➢ 机器人的手动操纵。

➢ 程序创建。

➢ 程序的测试执行。

➢ 机器人自动程序的运转。

➢ 机器人状态的确认。

2.5　机器人组装

2.5.1　首次组装机器人

KR4 R600 机器人的完整装箱如图 2.14 所示。

图 2.14　KR4 R600 机器人的完整装箱图

1. 拆箱

拆箱时需通过专业的拆卸工具打开箱子，请确认装箱清单（标准配置），配件如图 2.15 所示。

（a）本体　　　　　（b）控制器　　　　　（c）示教器　　　　　（d）附件箱

图 2.15　配件图

2. 机器人的安装固定

机器人的安装对其功能的发挥十分重要，在实际工业生产中常见的安装方式有 3 种，如图 2.16 所示。

①地面安装 0°（地面）　　　　②安装角度 180°（天花板）　　　　③安装角度 90°（墙壁）

图 2.16　KR 4 R600 机器人常用的安装方式

本书以最常用的第①种方式来讲解 KR4 R600 机器人的安装固定方法及其相关应用，其他安装方法可参阅 KUKA 相关手册。

KR4 R600 机器人安装的相关参数见表 2.7。

表 2.7　安装的相关参数

参数名称	参数值
环境温度	0～55 ℃
机器人基座尺寸	179 mm×179 mm
机器人质量	27 kg

在安装机器人前，须确认安装尺寸。机器人基座上的孔距为 150 mm×150 mm，如图 2.17 所示。

（a）基座尺寸

（b）A—A 剖视图

（c）B—B 剖视图

图 2.17　KUKA KR4 R600 机器人的机座尺寸

KR4 R600 机器人正确的吊装姿态如图 2.18 所示。

图 2.18　正确的吊装图

机器人安装完成效果如图 2.19 所示。

图 2.19　机器人安装效果图

注意：

➢ 必须按规范操作。

➢ 机器人质量为 27 kg，必须使用相应负载能力的起吊附件。

➢ 将机器人固定到其基座之前，切勿改变其姿态。

➢ 机器人固定必须牢固可靠。

➢ 在安装过程中时刻注意安全。

2.5.2　电缆线连接

机器人系统之间的电缆线连接分 2 类：系统内部的电缆线连接和系统外围的电缆线连接。

➢ 系统内部的电缆线连接主要分 3 种情况：机器人本体与控制器、示教器与控制器、电源与控制器的连接。必须将这些电缆线连接完成，才可以实现机器人的基本运动。

➢ 系统外围的电缆线连接主要指机器人本体与末端执行器的连接，用以实现机器人的具体作业功能。

1. 系统内部的电缆线连接

（1）机器人本体与控制器。

机器人本体与控制器之间的连接线分为电机动力线和编码器数据线。机器人本体侧出厂时已连接好，需根据图 2.20 所示完成控制器一侧的连接，控制器一侧需要连接两根电机动力线，两根电机动力线通过转接头与机器人本体侧的电机动力线相连。机器人本体与控制器导线的连接见表 2.8。

（a）接线示意图

（b）本体部分的连接

图 2.20　KR4 R600 机器人本体与控制器的连接

（c）控制器部分的连接

续图 2.20

表 2.8　机器人本体与控制器导线的连接

名称	控制器接入口	本体接入口
电机动力线（1～3 轴）	XD20.1	X30
电机动力线（4～6 轴）	XD20.2	X30
编码器数据线	XF21	X31

2. 示教器与控制器

示教器电缆线为灰色线，一端已连接至示教器，将另一端接口对准控制器 XG19 端口插入，如图 2.21 所示。

图 2.21　示教器电缆线的连接

（1）示教器插入。

在插入示教器之前，首先要确保使用相同规格的示教器。具体插入步骤如下：

① 将示教器电缆插头对准控制器 XG19 接口（注意：接口和示教器插头上的标记），如图 2.22（a）所示。

② 插头插入后，向上推插头，如图 2.22（b）所示。推上时，上部的黑色部件自动旋转约 25°。

③ 插头自动卡止，此时标记相对，如图 2.22（c）所示。

（a）插头对准接口　　　　　（b）插头插入接口　　　　　（c）插头卡止

图 2.22　示教器插入

示教器连接至机器人控制器后，必须保持至少 30 s，直到紧急停止和确认开关再次恢复正常功能，以避免出现在紧急情况下使用紧急停止装置暂时无效的情况。

一般情况下，插入的示教器将应用机器人控制器的当前运行模式。但如果是一个RoboTeam 的机器人控制系统，则运行模式可能在拔出之后发生变化，例如通过主设备（Master）。

（2）示教器拔下。

KUKA 机器人的示教器具有热插拔功能，在不需要使用时，可以直接拔掉。具体拔下步骤如下：

① 按下示教器上的白色【smartPAD】按钮，如图 2.23（a）所示。示教器操作界面上会显示一个信息提示和一个计时器。其中信息提示是提醒当前正在进行拔下示教器的操作；计数器会计时 25 s，操作人员必须在该时间段内将示教器电缆从机器人控制器上拔下。

② 沿着示教器插头上标记的箭头方向，将上部的黑色部件自动旋转约 25°，如图 2.23（b）所示。

③ 向外拔下插头，如图 2.23（c）所示。

（a）smartPAD 按钮　　　　（b）旋转插头部件　　　　　（c）插头拔下

图 2.23　示教器拔下

拔下示教器时需要注意以下几点：

➢ 如果在计数器未运行的情况下拔下示教器，则会触发紧急停止，只有重新插入示教器才能消除。

➢ 如果在计数器计时期间，没有及时拔下示教器，则此次计时失效，可通过再次按下【smartPAD】按钮，以再次显示信息提示和计时器。

➢ 如果已拔下示教器，则无法再通过示教器上的紧急停止按钮来关断设备，因此必须在机器人控制系统上另外接一个紧急停止装置。

➢ 示教器拔下后，应立即从设备中撤离并妥善保管，且保管处应远离在机器人处作业的工作人员的视线和作用范围内，以防止混淆有效的和无效的紧急停止装置，避免可能造成人身伤害及财产损失。

2.5.3 电源与控制器

将电源线插入面板 XD1 接口，另一端接入 220 V/50 Hz 电源，如图 2.24 所示。

图 2.24　电源电缆线

注意：电源线接口默认采用欧标规格插头，如需插入国标插头需采用欧标转换插头。

2.5.4 系统外围的电缆线连接

机器人本体与末端执行器（工具）之间的电缆线连接接口如图 2.25 所示。

输入/输出信号接口：基座处接口 X76，四轴手腕处接口 X96，两个接口预留 8 根线，引脚一一对应。

除了信号接口之外，四轴手腕处，机器人本体内预留 4 路气源接口，分别为 AIR1~AIR4，最大承受压力为 0.7 MPa，气管外径为 4 mm。

图 2.25　KUKA KR4 R600 机器人本体与末端执行器

2.6　首次通电测试

2.6.1　首次通电准备工作

进行机器人首次通电时，必须确认当前机器人的状态，确认正常后，才可以通电开机测试。

机器人需要确认的当前状态有以下几项：

（1）确认机器人本体、控制器及机器人相关硬件已固定牢固。

（2）确认机器人电机导线、数据线、示教器线已连接。

（3）确认机器人固定支架已拆除，无阻止机器人运动的固定装置。

（4）确认机器人控制器总开关为 I 挡，灯灭状态。

（5）确认机器人电源线已连接好，接入电源为 220 V/50 Hz。

确认以上状态正常后，方可打开控制器总电源，机器人接通电源后进入开机画面，等待机器人完成开机启动。

2.6.2　投入运行模式

在机器人系统还没有完全配置好的情况下，可以通过投入运行模式进行手动控制机器人。在投入运行模式下，控制器将屏蔽所有报警，使得控制器驱动装置可以处于上电状态，完成机器人手动移动控制。如果没有进行系统配置，则开机后机器人报警并无法手动操作机器人。

投入运行模式进入的操作步骤见表 2.9。

表 2.9　投入运行模式进入的操作步骤

序号	图片示例	操作步骤
1		第一次通电后控制器硬盘和机器人 RDC 存储器数据不一致，点击【硬盘】，让机器人 RDC 存储器数据更新控制器硬盘数据
2		点击主菜单【】，选择【配置】→【用户组】

续表 2.9

序号	图片示例	操作步骤
3	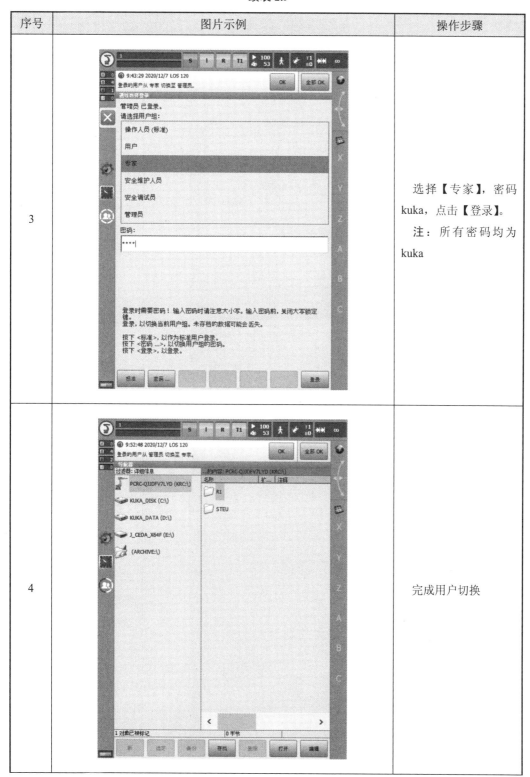	选择【专家】，密码 kuka，点击【登录】。 注：所有密码均为 kuka
4		完成用户切换

续表 2.9

序号	图片示例	操作步骤
5		点击主菜单，选择【投入运行】→【售后服务】→【投入运行模式】
6		显示投入运行模式激活，紧急停止功能仅局部有效，且 IBN 状态灯闪烁

续表 2.9

序号	图片示例	操作步骤
7		按下【确认】键，显示驱动装置上电状态，此时可以手动移动机器人

2.6.3　正常通电准备工作

首次通电完成后，机器人可以进入正常启动画面，通过投入运行模式可以简单操作机器人。但是此时机器人会有很多报警，如外部安全运行停止，RDC 存储器和控制系统不一致等。只有消除这些报警后，机器人才算完成正常通电。

1. 电池电源线连接

首次开机启动时，不间断电源（UPS）的电源线是未连接的，需要插上。将电源线插入机器人控制器面板 XD2 接口，另一端接入 UPS 电源，如图 2.26 所示。

图 2.26　UPS 电源电缆线

2. 安全接口连接

KR C5 Micro 控制器包含两个安全接口，分别为 XG58 及 XG11.1。XG58 可提供两个安全输入端，一个用于连接外部使能开关，另一个用于连接附加紧急停止按钮。如没有使用相关安全信号，则需要将相关信号引脚短接。XG58 引脚分配图，如图 2.27 所示。XG11.1 引脚分配图，如图 2.28 所示。

图 2.27　XG58 引脚分配图

图 2.28　XG11.1 引脚分配图

本书未使用外部使能开关及附加紧急停止按钮，将信号短接即可，具体接法如图 2.29 所示。

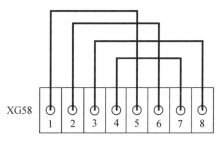

图 2.29　X59 电气接线图

XG11.1 安全接口可提供两个安全输入端和一个安全输出端，如外部急停线、本机急停线等，需要将这些安全机制正确接线才能消除机器人的安全报警。如使用相关安全机制信号，则将信号接入相关设备中；如没有使用相关安全机制信号，则需要将相关信号引脚短接。

关于 XG11.1 引脚的配置接线，本书采用接入外部急停双回路，其他信号默认短接的方式。外部急停按钮采用两个常闭触点，一组触点接入 X11 引脚 1 号和 2 号，另一组触点接入 X11 引脚 10 号和 11 号，其他信号短接即可。具体可参考图 2.30 所示电气接线图。

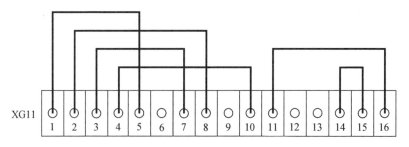

图 2.30　XG11 电气接线图

3. 机器人通电

完成机器人电池和安全信号配置后，松开机器人所有急停则相关报警信号消除，机器人进入正常状态，驱动装置可以正常上电。

安全配置的过程，具体步骤见表 2.10。

表 2.10　安全配置步骤

序号	图片示例	操作步骤
1	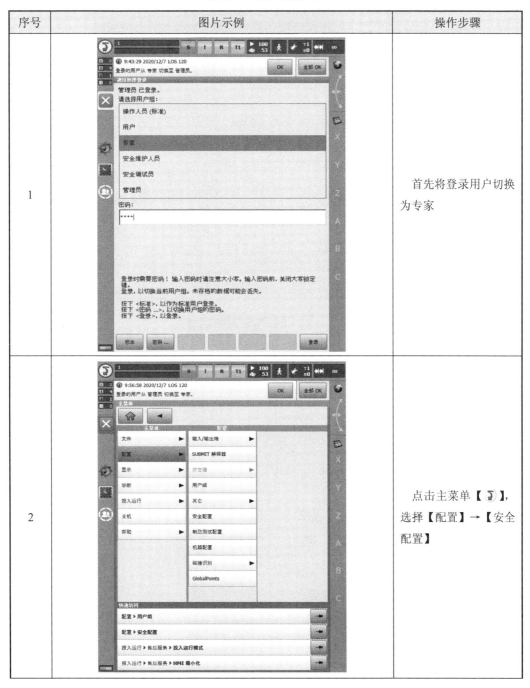	首先将登录用户切换为专家
2		点击主菜单【 ♪ 】, 选择【配置】→【安全配置】

续表 2.9

序号	图片示例	操作步骤
3		选择 KRC 的硬盘更换，选择立即启动安全配置，单击【现在激活】
4		完成安全配置

续表 2.9

序号	图片示例	操作步骤
5		机器人进入正常状态

 思考题

一、填空题

1. KUKA 机器人项目在实施过程中主要有 7 个环节：项目分析、_____、_____、坐标系建立、_____、_____、自动运行。

2. 工业机器人一般由三部分组成：_____、_____、_____。

3. 对于六轴机器人而言，其机械臂主要包括_____、_____、手臂（大臂和小臂）和_____。

二、选择题

1. 示教器主要的功能是处理与机器人系统相关的操作，如（　　　　）。

① 机器人的手动操纵；② 程序创建；③ 程序的测试执行；④ 机器人自动程序运转；⑤ 机器人状态确认。

A. ③④⑤　　　　B. ①③④　　　　C. ①②③⑤　　　　D. ①②③④⑤

2. 为确保安全，在操作机器人时，必须遵守的安全操作注意事项包括（　　　　）。

① 可以戴手套操作示教器和操作面板。

② 在点动操作机器人时，要采用较低的速度倍率以保证操作安全。

③ 在按下示教器上的点动键之前，要考虑到机器人的运动趋势。

④ 当机器人静止时，永远不要认为机器人没有移动其程序就已经完成，因为这时机器人很有可能是在等待让它继续移动的输入信号。

⑤ 必须知道机器人控制器和外围控制设备上的紧急停止按钮的位置，以备在紧急情况下使用这些按钮。

A. ①④⑤　　　　B. ①③④　　　　C. ①②③⑤　　　　D. ②③④⑤

三、简答题

1. KUKA 机器人的专业术语有哪些？列举 4 个。

2. KUKA 机器人产品系列包括哪些？列举 3 个。

3. 请在题图 2.1 中标出 KUKA KR4 R600 机器人的机械臂组成部分名称和各轴位置。

题图 2.1

4. KUKA 机器人首次通电时，必须确认当前机器人的状态，确认正常后，才可以通电开机测试。机器人需要确认的当前状态有哪些？

第3章 示教器认知

在进行机器人示教时，需要操作者能够使用示教器，完成机器人的基本运动操作，这就要求读者对示教器有一定的认知。通过本章学习，读者可以了解 KUKA 示教器的结构、功能以及操作方式。

3.1 示教器介绍

示教器是工业机器人的人机交互接口，机器人的所有操作基本上都是通过示教器来完成的，如手动操作机器人；编写、测试和运行机器人程序；设定、查阅机器人状态设置和位置等。

❋ 示教器认知

3.1.1 示教器手持方式

操作机器人之前必须学会正确持拿示教器，示教器的手持方式有两种，见表3.1。

表3.1 示教器正确的手持姿势

序号	示教器手持方式		说　明
方式一			（1）两手握住示教器，四指用于按压"确认"开关。 （2）习惯右手操作的人，左手按压"确认"开关，右手操作示教器；习惯左手操作的人，右手按压"确认"开关，左手操作示教器
方式二			左手按住示教器背面的"确认"开关，右手对显示屏和按钮进行操作

3.1.2 示教器构成

示教器的构成见表 3.2。

表 3.2 示教器构成

示教器构成部分	
按钮	28 个
急停按钮	1 个
旋钮开关	1 个
6D 鼠标	1 个
确定开关	4 个
USB 内存支持	支持（仅适用于 FAT32 格式的 USB）
是否配备触摸笔	否
支持左手与右手使用	支持

3.1.3 外形结构

示教器的外形结构如图 3.1 所示，其功能介绍见表 3.3。

（a）正面　　　　　　　　　　（b）背面

图 3.1 示教器的外形结构

表 3.3　示教器功能介绍

序号	名称	功能说明
1	USB 接口	两个 USB 接口
2	smartPAD 按钮	用于将示教器从控制器上取下
3	模式选择	可以通过连接管理器切换 4 种运行模式： T1、T2、AUT 和 EXT
4	紧急停止按钮	当发生危险时按下此按钮，机器人将立即停止工作
5	6D 鼠标	用于手动移动机器人
6	移动键	用于手动移动机器人
7	程序倍率键	用于设定程序运行速度倍率，以 100%、75%、50%、30%、10%、3%、1% 步距为单位进行设定
8	手动倍率键	用于设定手动运行速度倍率，以 100%、75%、50%、30%、10%、3%、1% 步距为单位进行设定
9	工艺键	主要是用于设定工艺程序包中的参数。其确切的功能取决于所安装的工艺程序包
10	启动键	通过启动键可启动一个程序
11	逆向启动键	可逆向启动一个程序，程序将逐步运行
12	停止键	用于暂停正在运行中的程序
13	键盘按键	当 smartHMI 需要键盘时，按下此按键可自动显示键盘
14	主菜单键	用于将菜单项显示在 smartHMI 上
15	确认开关	确认开关有 3 个位置：未按下、中间位置、完全按下 ①在运行模式 T1 或 T2 下：确认开关位于中间位置时，机器人处于电机上电状态；未按下或完全按下时，无法执行机器人操作 ②机器人处于 AUT 模式和 EXT 模式时，确认开关不起作用
16	启动键	绿色按键，用于启动一个程序
17	确认开关	同 15
18	启动键	同 16
19	确认开关	同 15

3.1.4　smartHMI 介绍

smartHMI 是为 KUKA 机器人开发的一款软件，可对库卡机器人进行编程储存、读取，有反辐射超大高清的触摸屏，可通过手指进行操作。

1. 操作界面

示教器开机完成后，smartHMI 操作界面如图 3.2 所示，各部分具体功能见表 3.4。

图 3.2　smartHMI 操作界面

表 3.4　smartHMI 操作界面功能介绍

序号	名称	功能说明
1	6D 鼠标状态显示	①用于显示用 6D 鼠标手动运行时的当前坐标系 ②触摸该显示可显示所有坐标系并选择所需坐标系
2	信息窗口	①默认设置时只显示最后一个信息提示 ②触摸提示信息可放大该窗口并显示所有待处理的信息 可以被确定的信息可用【OK】确定；所有可以被确定的信息可用【全部 OK】一次性全部确定
3	6D 鼠标定位	触摸该显示会打开一个显示鼠标当前定位的窗口，在窗口中可以修改定位
4	显示运行键	①显示手动运行时的当前坐标系 ②触摸该键可显示所有坐标系并选择所需坐标系
5	运行键标记	①关节运动模式下，显示各轴轴号：A1～A6 ②直角坐标系下，显示坐标系的位置（X、Y、Z）和方向（A、B、C）
6	按键栏	①针对不同激活的窗口，显示会自动变化 ②最右侧是按键编辑，可以调用导航器的多个指令
7	状态栏	①显示机器人运行模式、当前运行的坐标系、程序状态等 ②多数情况下可通过触摸打开一个窗口，可在其中更改设置

续表 3.4

序号	名称	功能说明
8	信息提示计数器	①用于显示每种信息类型和有多少信息提示等待处理 ②触摸信息提示计数器可放大显示内容
9	WorkVisual 图标	用于对已激活的项目进行管理
10	时钟	显示系统时间。触摸时钟就会以数码形式显示系统时间以及当前日期，为了方便进行文件的管理和故障的查阅与管理，通常在进行各种操作之前将机器人系统的时间设定为本地时区的时间
11	用户组	切换用户权限
12	主界面	显示相应的菜单、功能等内容
13	信号显示	显示存在的信号 如果显示闪烁，左侧和右侧小灯交替发绿光，且交替缓慢（约 3 s）而均匀，则表示 smartHMI 激活

2. 主菜单

smartHMI 操作界面中的主菜单如图 3.3 所示，各部分具体功能见表 3.5。

图 3.3　主菜单

表 3.5　主菜单功能介绍

序号	名称	功能说明
1	Home 键	显示所有打开的下级菜单。当下级菜单的层数较多时，显示屏上可能会看不到主菜单栏，而只能看到下级菜单，此时需要按该键显示所有下级菜单
2	关闭按钮	关闭主界面中的菜单、菜单项等窗口
3	返回键	返回上一级菜单
4	主菜单栏	显示主菜单所有功能子菜单
5	快速访问项	显示所有快速访问菜单项，触摸可直接打开所选菜单项界面

3. 状态栏

图 3.4 中所示为状态栏界面实际应用显示的状态，其具体功能见表 3.6。

图 3.4　smartHMI 状态栏界面介绍

表 3.6　状态栏功能介绍

序号	名称	功能说明
1	主菜单	用于切换并显示主菜单
2	机器人名称	显示机器人的名称，可更改
3	程序名称	显示当前选择的程序名称
4	SUBMIT 解释器	显示提交解释器的状态，即显示程序整体的状态： ● 黄色 S：选择了 SUBMIT 解释器。语句指针位于所选提交程序的首行 ● 绿色 S：已选择 SUB 程序并且正在运行 ● 红色 S：SUBMIT 解释器被停止 ● 灰色 S：SUBMIT 解释器未被选择
5	驱动装置	显示驱动装置的状态： ● 绿色 I：驱动装置已接通。确认开关已按下（中间位置），或不需要确认开关；且防止机器人移动的提示信息不存在 ● 灰色 I：确认开关未按下或没有完全按下，或有防止机器人移动的提示信息存在 ● 灰色 O：驱动装置已关断

续表 3.6

序号	名称	功能说明
6	机器人解释器	显示机器人解释器的状态, 即显示程序内部的运行状态: ● 灰色 R: 未选定程序 ● 黄色 R: 语句指针位于所选程序的首行 ● 绿色 R: 已经选择程序, 并运行完毕 ● 红色 R: 所选并启动的程序被暂停 ● 黑色 R: 语句指针位于所选程序的最后行
7	运行模式	显示机器人当前的运行模式: ● T1 模式: 即手动慢速运行模式, 用于测试运行、编程和示教。程序执行或手动运行时最高速度为 250 mm/s ● T2 模式: 即手动快速运行模式, 用于测试运行。程序执行的速度等于编程设定速度; 手动运行则无法运行 ● AUT 模式: 即自动运行模式, 机器人处于外部运行方式下, 用于不带上级控制系统 (如 PLC) 的程序自动运行。速度与 T2 模式相同 ● EXT 模式: 即外部自动运行模式, 用于带上级控制系统的程序自动运行。速度与 T2 模式相同
8	程序倍率	显示程序执行时机器人的运行速度, 触摸可调节: ● 正负键: 以 100%↔75%↔50%↔30%↔10%↔3%↔1%顺序变化 ● 调节器: 以 1% 步距为单位进行更改
9	手动倍率	显示手动操作时机器人的运行速度, 触摸可调节: ● 正负键: 以 100%↔75%↔50%↔30%↔10%↔3%↔1%顺序变化 ● 调节器: 以 1% 步距为单位进行更改
10	程序运行方式	显示并调节程序的运行方式: 　　GO, 表示程序不停顿地运行, 直至程序结尾 　　动作, 表示程序运行过程中在每个点上暂停, 包括在辅助点和样条段点上暂停。对每一个点都必须重新按下启动键。程序没有预进就开始运行 　　单个步骤, 表示程序在每一程序行后暂停。在不可见的程序行和空行后也要暂停, 对每一个行都必须重新按下启动键, 程序没有预进就开始运行。仅供 "专家" 用户组使用 　　逆向, 表示反向逐行执行程序, 不得通过其他方式选择
11	工具坐标号	显示并可切换使用的工具坐标系
12	基坐标号	显示并可切换使用的基坐标系
13	增量移动	使机器人按照所定义的距离 (100 mm/0°、10 mm/3°、1 mm/1°或 0.1 mm/0.005°) 移动, 并自行停止。用空间鼠标运行时不可用。若机器人的运动被中断, 例如松开确认开关, 则在下一个动作中被中断的增量不会继续, 而会开始一个新的增量

4. 信息窗口

KUKA 机器人的信息提示类型分为 5 种：确认信息、状态信息、提示信息、等待信息和对话信息，具体说明见表 3.7。

表 3.7 信息提示介绍

序号	类型	图标	说　　明
1	确认信息	⊠	①用于显示需操作者确认才能继续处理机器人程序的状态，例如"确认紧急停止" ②确认信息始终引发机器人停止或抑制机器人运动
2	状态信息	❗	①用于显示控制器的当前状态，例如"紧急停止" ②只要控制器的当前状态存在，状态信息便无法被确认
3	提示信息	ⓘ	①提供有关正常操作机器人的信息，例如"需要启动键" ②提示信息可被确认，但是只要不使控制器停止，则无须确认
4	等待信息	◁	①说明控制器在等待某一事件，例如状态、信息、时间 ②可通过按"模拟"按键手动取消 注意：指令"模拟"只允许在能够排除碰撞和其他危险的情况下使用
5	对话信息	❓	①用于与操作员的直接通信、问询等 ②将出现一个含各种按键的信息窗口，用这些按键可给出各种不同的回复

3.2　示教器常用功能

smartPAD 常用的功能有：语言设置、用户组切换、运行模式选择、坐标系切换等。

3.2.1　语言设置

❋ 示教器基本功能介绍

示教器画面出厂默认语言为英语，用户可以根据需要设定其他语言。以中文为例，语言设置的操作步骤见表 3.8。

表 3.8　语言设置的操作步骤

序号	图片示例	操作步骤
1		开机后，显示主菜单画面
2		选择【Configuration】菜单栏

续表 3.8

序号	图片示例	操作步骤
3		选择【Miscellaneous】，然后选择【Language】
4		选择"中文（中国）"，点击【OK】，完成语言的设置，主菜单会自动换成中文界面

3.2.2 用户组切换

用户组权限有 6 种模式：操作人员（标准）、用户、专家、安全维护人员、安全调试员、管理员。

➢ 操作人员（标准）：可对机器人示教器进行基础操作，为默认用户组。

➢ 用户：可对机器人示教器进行基础操作，默认情况下与操作人员（标准）的权限是一样的。

➢ 专家：此权限是最高权限。

➢ 安全维护人员：设置部分权限，该用户可以激活和配置机器人的安全配置。用户可以通过一个密码进行保护。

➢ 安全调试员：针对设备的调试进行部分权限设置。部分菜单栏下的功能不开放。

➢ 管理员：功能和专家用户组一样。另外，可以将插件（Plug-ins）集成到机器人控制系统中。

注意：①如果要切换至 AUT 模式或 EXT 模式，则机器人控制器将出于安全原因切换至默认用户组。如果希望选择另外一个用户组，则须另行切换。②一段时间未对示教器进行任何操作时，出于安全原因，KUKA 机器人控制系统会自动将用户组权限切换至默认用户组。此时间段默认设置为 300 s。

以切换用户组"专家"模式为例，具体操作步骤见表 3.9。

表 3.9 用户组"专家"模式操作步骤

序号	图片示例	操作步骤
1		开机后，在主菜单里选择【配置】，再选择【用户组】

续表 3.9

序号	图片示例	操作步骤
2		选择"专家"，输入密码：kuka，点击【登录】即可 注：专家、安全维护人员、安全调试员和管理员的默认密码：kuka

3.2.3　运行模式选择

KUKA 机器人选择运行模式的操作步骤见表 3.10。

表 3.10　运行模式选择的操作步骤

序号	图片示例	操作步骤
1		将示教器上【模式选择】切换至水平状态

续表 3.10

序号	图片示例	操作步骤
2		选择相应的运行模式，如 T1 模式
3		将【模式选择】恢复至初始状态，则所选的运行模式会显示在示教器状态栏中

3.2.4　坐标系切换

在实际应用中，经常通过切换各种坐标系来完成机器人的某种作业。KUKA 机器人坐标系统有：轴系统、全局系统、基坐标系统和工具系统。

KUKA 机器人通过触摸 SmartHMI 界面中【显示运行键】来切换坐标系，如图 3.5所示。

图 3.5　坐标系统切换

3.3 存档与还原

在创建完成运动程序后，为避免机器人程序丢失或误删，通常会进行数据存档。若发生数据丢失或者其他突发状况时，可以迅速加载进行数据还原。

3.3.1 系统数据存档

KUKA 机器人的相关数据可以进行存档，在每个存档过程中均会在相应位置上生成一个 zip 文件，该文件与机器人同名，在机器人数据下可改变文件名。

KUKA 机器人的存储位置选择有 3 个：USB（KCP）、USB（控制柜）、网络。

➤ USB（KCP）：在示教器上插入 U 盘。

➤ USB（控制柜）：在机器人控制器上插入 U 盘。

➤ 网络：在一个网络路径上存档，所需的网络路径必须在机器人数据下配置。

KUKA 机器人的数据存档可以参照表 3.11 所列的菜单项进行选择。

表 3.11　存档操作步骤

序号	菜单项	存档的文件
1	所有	①将还原当前系统所需的数据存档 ②通过该方式存档时，若已有一个文件，则原有文件被覆盖
2	应用	所有用户自定义的 KRL 模块和相应的系统文件均被存档
3	系统数据	将机器人参数存档
4	Log 数据	将 Log 文件存档
5	KrcDiag	①将数据存档，以便将其反馈至 KUKA 机器人公司进行故障分析，在此将生成一个文件夹，其中可以写入 10 个压缩文件，且在控制系统中将存档文件存放在 C：/KUKA/ KrcDiag 下 ②当压缩文件超过 10 个，文件再创建时则覆盖最初的文件

注：如果选择"所有"之外的存档方式，若已有一个文件，则 KUKA 机器人控制系统会将 KUKA 机器人名与该文件名进行比较，如果两个名称不同，则会弹出一个安全询问。

以"USB（控制柜）"为例，系统数据存档的操作步骤见表 3.12。

表 3.12　系统数据存档的操作步骤

序号	图片示例	操作步骤
1		开机后，显示主菜单。 注：操作之前，先将 U 盘插进控制器 USB 接口，并将用户组切换至"专家"
2		点击主菜单，选择【文件】→【存档】

续表 3.12

序号	图片示例	操作步骤
3		选择【USB（控制柜）】→【所有】，备份机器人内部所有柜数据
4		在弹出的对话框中选择【是】，进行存档。存档完成后会在 U 盘里生成一个压缩包 注：可单独保存应用、系统数据、log 数据、krcDiag 等

3.3.2　系统数据还原

在 KUKA 机器人中，通常情况下，只允许载入具有相应软件版本的文档，如果载入其他文档，则可能出现以下后果：

➢ 出现故障信息。故障信息的出现主要有 2 种情况：一是已存档文件版本与系统中的文件版本不同时；二是应用程序包的版本与已安装的版本不一样时。

➢ 机器人控制器无法运行。

➢ 人员受伤或财产损失。

以还原"USB（控制柜）"数据至系统为例，操作步骤见表 3.13。

表 3.13 系统数据还原的操作步骤

序号	图片示例	操作步骤
1		开机后，显示主菜单 注：操作之前，先将U 盘插进控制器 USB 接口，并将用户组切换至"专家"
2		选择【还原】

续表 3.13

序号	图片示例	操作步骤
3		选择【USB(控制柜)】→【所有】
4		选择【是】，开始恢复系统数据，示教器自动重启。程序和相关配合恢复完成。 **注意**：log 数据不会被还原；krcDiag 用作故障分析数据也不会被还原，用于留档和记录等。同时，系统数据存档和还原暂时只能在显示版本的系统和示教器下使用

3.4　关机和重启

机器人关机和重启界面如图 3.6 所示。

图 3.6　关机界面

关机菜单栏中各选项解释说明见 3.14。

表 3.14　关机菜单栏各选项说明

选项	说明功能
启动类型-冷启动	机器人控制系统在切断电源以后以冷启动方式启动。冷启动之后机器人控制系统显示导航器
启动类型-休眠	机器人控制系统在切断电源以后以休眠的启动方式启动。以休眠方式启动后可以继续执行先前选定的机器人程序。基础系统的状态，例如程序、语句显示器、变量内容和输出端，均全部得以恢复
关机等待时间	机器人控制系统关机前的等待时间。可保护控制器
强制冷启动	该设置仅对下次启动有效。同时要在激活启动类型中的休眠状态下有效
关机等待时间	激活：等待时间在下次关机时被考虑进去 不激活：等待时间在下次关机时不被考虑
关闭控制系统 PC	在 T1 和 T2 模式下有效。机器人控制系统被关机
重新启动控制系统 PC	在 T1 和 T2 模式下有效。机器人控制系统被关机，然后又立刻重新启动
驱动关闭总线 接通驱动总线	在 T1 和 T2 模式下有效。可关闭或接通驱动总线 绿色：驱动总线接通 红色：驱动总线关闭 灰色：驱动总线状态未知

机器人关机操作步骤见表 3.15。

表 3.15 关机操作步骤

序号	图片示例	操作步骤
1		开机后，显示主菜单，并将用户组切换至"专家"
2		选择【关机】进入此画面

续表 3.15

序号	图片示例	操作步骤
3		选择【关闭控制系统 PC】
4		在弹出的窗口中，选择【是】，关闭机器人控制系统

机器人重启操作步骤见表 3.16。

表 3.16 关机操作步骤

序号	图片示例	操作步骤
1		显示主菜单，并将用户组切换至"专家"
2		选择【关机】进入此界面

续表 3.16

序号	图片示例	操作步骤
3		选择【重新启动控制系统 PC】
4		在弹出的窗口中，选择【是】，重启机器人控制系统

思考题

一、填空题

1. KUKA 机器人有 4 种运行模式：_____、_____、_____和_____。

2. 确认开关有 3 个位置：_____、_____、_____。

3. KUKA 机器人的信息提示类型分为 5 种：_____、_____、_____、_____和_____。

二、选择题

1. KUKA 机器人在 T1 模式下，其程序执行或手动运行时最高速度为（　　）。

A. 50 mm/s   B. 100 mm/s   C. 250 mm/s   D. 500 mm/s

2. KUKA 机器人的用户组权限模式有（　　）。

① 用户；② 专家；③ 安全维护人员；④ 安全调试员；⑤ 管理员

A. ①④⑤   B. ①③④   C. ①②③⑤   D. ①②③④⑤

3. KUKA 机器人的存储位置选择不包括（　　）。

A. USB（KCP）   B. USB（控制柜）   C. 机器人本体   D. 网络

三、简答题

1. 示教器由哪几部分组成？

2. 简述如何修改示教器语言。

3. 简述如何切换坐标系。

4. 简述如何进行机器人系统数据存档和还原。

第4章 机器人基本操作

坐标系是描述物质存在的空间位置（坐标）的参照系，通过定义特定基准及其参数形式来实现。本章介绍 KUKA 机器人的坐标系种类及手动操作方法，让读者掌握坐标系的知识和手动操作机器人的方法。

4.1 常用坐标系

KUKA 机器人常用的机器人坐标系有：**轴坐标系、全局坐标系、工具坐标系、基坐标系**。

全局坐标系、工具坐标系、基坐标系属于笛卡尔直角坐标系。机器人大部分坐标系都是笛卡尔直角坐标系，符合右手定则。

※ 坐标系种类

➢ **轴坐标系**

轴坐标系是设定在机器人关节轴的坐标系，如图 4.1 所示。在轴坐标系下，工业机器人各轴均可实现单独正向或反向运动。对于大范围运动，且不要求 TCP 姿态时，可选择轴坐标系。

图 4.1　轴坐标系

➢ **全局坐标系**

在 KUKA 机器人中，全局坐标系是一个固定定义的笛卡尔直角坐标系，已由生产商定义好，用户不可以更改。在没有建立其他坐标系之前，机器人上所有点的坐标都是以该坐标系的原点来确定各自的位置。

KUKA 机器人的全局坐标系：原点位置定义在机器人安装面与第一转动轴（A1 轴）的交点处，Z 轴向上，X 轴向前，Y 轴按右手定则确定，如图 4.2 和图 4.3 中的坐标系 O_1–$X_1Y_1Z_1$。

图 4.2　全局坐标系

图 4.3　机器人常用坐标系

➢ **工具坐标系**

工具坐标系是用来定义工具中心点的位置和工具姿态的坐标系。而工具中心点（Tool Center Point，TCP）是机器人系统的控制点，出厂时默认于最后一个运动轴或连接法兰的中心。

未定义时，工具坐标系默认在连接法兰中心处，如图 4.4 所示。安装工具后，TCP 将发生变化，变为工具末端的中心。为实现精确运动控制，当换装工具或发生工具碰撞时，工具坐标系必须事先进行定义，如图 4.3 中的坐标系 O_2-$X_2Y_2Z_2$，具体定义过程详见 5.1 节。

图 4.4　默认工具坐标系

➢ **基坐标系**

在 KUKA 机器人中，基坐标系被赋予了特定含义，即机器人用户坐标系统或工件坐标系统。基坐标系是用户对每个作业空间进行自定义的笛卡尔直角坐标系，如图 4.3 中的坐标系 O_3-$X_3Y_3Z_3$ 所示。

基坐标系是以全局坐标系为参照基准。在默认配置中，基坐标系与全局坐标系是一致的。

设定基坐标系的优点：当机器人运行轨迹相同，而工件位置不同时，只需要更新基坐标系即可，无须重新编程。

通常，在建立项目时，至少需要建立两个坐标系，即工具坐标系和基坐标系。前者便于操纵人员进行调试工作，后者便于机器人记录工件的位置信息。

4.2　同步坐标系

同步坐标系是将 6D 鼠标菜单栏的坐标系与按键菜单栏的坐标系保持同步，方便用户操作机器人。

同步坐标系的操作步骤见表 4.1。

表 4.1　同步坐标系的操作步骤

序号	图片示例	操作步骤
1		点击【显示运行】键，在弹出的"按键"窗口中选择【选项】
2		在"手动移动选项"栏中，选择【按键】，并在窗口中进行如下设置： （1）增量式手动移动：选择"持续的"，可使机器人移动所定义的距离 （2）按键组：默认是机器人轴，即 A1～A6 （3）坐标系统：选择要激活的坐标系，如轴坐标系

续表 4.1

序号	图片示例	操作步骤
3		勾选【同步】，此时 6D 鼠标的坐标系和按键的坐标系形成同步，其操作效果相同

4.3　手动操作机器人——运动按键操作

KUKA 机器人手动操作分为两种：运动按键操作和 6D 鼠标操作。两种操作方式不同，但效果一致。

运动按键操作时，选择不同的坐标系可执行不同的状态。如选择"轴坐标系"，下方按键是对各关节的正反方向的操作。在操作时，尽量以小幅度操作机器人，使其缓慢运动，以免发生撞击。

运动按键的操作步骤见表 4.2。

❊ 机器人手动操作

表 4.2　运动按键的操作步骤

序号	图片示例	操作步骤
1		将机器人运行模式切换至【T1】
2		将【确认开关】按至中间档位并按住
3		点击【显示运行】键，在弹出的"按键"窗口中选择【轴坐标系】，此时 6 组按键即刻切换为：A1～A6，即机器人1 轴到 6 轴的正负方向

续表 4.2

序号	图片示例	操作步骤
4		当选择【全局坐标系】时，6 组按键即刻切换为：X、Y、Z、A、B、C，即沿着全局坐标系的 X、Y 和 Z 轴移动，和绕 Z、Y 和 X 轴旋转
5		当选择【基坐标系】时，6 组按键即刻切换为：X、Y、Z、A、B、C，即沿着基坐标系的 X、Y 和 Z 轴移动，和绕 Z、Y 和 X 轴旋转。 　　默认配置时，基坐标系与全局坐标系重合
6		当选择【工具坐标系】时，6 组按键即刻切换为：X、Y、Z、A、B、C，即沿着工具坐标系的 X、Y 和 Z 轴移动，和绕 Z、Y 和 X 轴旋转

4.4 手动操作机器人——6D 鼠标运动

KUKA 机器人示教器的 6D 鼠标是独有的，可实现 X、Y 和 Z 轴移动，和绕 X、Y 和 Z 轴旋转操作，用户在操作时更方便。

6D 鼠标操作步骤见表 4.3。

表 4.3　6D 鼠标操作步骤

序号	图片示例	操作步骤
1		将机器人运行模式切换至【T1】
2		将【确认开关】按至中间档位并按住

续表 4.3

序号	图片示例	操作步骤
3		点击【显示运行】键，在弹出的"按键"窗口中选择【选项】
4		在"手动移动选项"栏中，选择【鼠标】，并在窗口中进行如下设置： （1）激活鼠标：勾选该功能，将 6D 鼠标打开 （2）鼠标设置：勾选"主要的"，并选择"6D" （3）坐标系统：选择要激活的坐标系，如全局、基坐标、工具坐标系 注：未激活则表示主要模式已关闭。根据轴选择，可以同时运行 3 个或 6 个轴

续表 4.3

序号	图片示例	操作步骤
5		通过拉动、按压鼠标来移动机器人，使其沿 X、Y 和 Z 轴方向平移 注： （1）在图示作用面处操作 6D 鼠标； （2）选择【轴坐标系】，此时 3 组方向按键即刻切换为：A1～A3，即机器人 1 轴到 3 轴的正负方向
6		通过转动、倾斜鼠标来移动机器人，使其围绕 X、Y 和 Z 轴旋转 注： （1）在图示作用面处操作 6D 鼠标； （2）选择【轴坐标系】，此时 3 组方向按键即刻切换为：A4～A6，即机器人 4 轴到 6 轴的正负方向

思考题

一、填空题

1. KUKA 机器人常用的机器人坐标系有：_____、_____、_____、_____和_____。

2. 工具中心点是机器人系统的控制点，出厂时默认于_____。

3. 通常，在建立项目时，至少需要建立两个坐标系，即_____和_____。前者便于操纵人员进行调试工作，后者便于机器人记录工件的位置信息。

二、选择题

1.坐标系参数为 X、Y、Z、A、B、C 的机器人坐标系有（　　　　）。

① 轴坐标系；② 全局坐标系；③ 工具坐标系；④ 基坐标系；⑤关节坐标系

A. ①④⑤　　　　B. ②③④　　　　C. ②③④⑤　　　　D. ①②③④⑤

三、简答题

1. 简述 6D 鼠标操纵流程。

2. 简述使用坐标系的优点。

3. 请在题图 4.1 中标出 KUKA KR4 R600 机器人的基坐标系原点位置和各轴正方向。

题图 4.1

第5章 坐标系统建立

本章介绍 KUKA 机器人坐标系的建立原理、建立步骤以及建立完成后的验证方法，让读者掌握坐标系建立的原理、步骤以及验证方法。

5.1 工具坐标系

在实际生产操作中，机器人经常会处于不同场合，因此需要设定相应的工具坐标系来方便示教和满足生产操作需求。

※ 工具坐标系

工具坐标系是表示工具中心和工具姿势的笛卡尔直角坐标系，需要在编程前先进行自定义。如果未定义则为默认工具坐标系。在默认状态下，用户可以设置 16 个工具坐标系。

5.1.1 工具坐标系定义原理

工具坐标系建立原理如下：

（1）在机器人工作空间内找一个精确的固定点作为参考点。

（2）确定工具上的参考点（一般选择工具中心点）。

（3）手动操纵机器人，至少以 4 种不同的工具姿态，将机器人工具上的参考点尽可能与固定点刚好接触。工具的姿态差别越明显，建立的工具坐标系精度将越高。

（4）通过 4 个位置点的位置数据，机器人可以自动计算出 TCP 的位置，并将 TCP 的位姿数据保存在相应文件夹里供调用。

在建立工具坐标系前，需准备带有尖锥端的工具和工件，如图 5.1 所示，将工具安装在机器人第 6 轴的末端法兰上，工件固定安装在工作台面上。

图 5.1　机器人末端工具

机器人系统对其位置的描述和控制是以机器人的工具中心点 TCP 为基准的,而工具坐标系建立的目的是将默认的机器人控制点转移至工具末端,使默认的工具坐标系变换为自定义工具坐标系,方便用户手动操纵和编程调试,如图 5.2 所示。

（a）默认　　　　　　　　　　　　　（b）自定义

图 5.2　工具坐标系

图 5.2（a）所示的默认工具中心点 TCP,位于机器人第 6 轴的末端法兰中心处。

图 5.2（b）所示为用户自定义的工具坐标系,是将默认工具坐标系偏移至工具末端后重新建立的坐标系。

KUKA 机器人工具坐标系的设置方法有 5 种:*XYZ* 4 点法、*XYZ* 参照法、ABC 两点法、ABC 世界坐标系法、数字输入法。

➢ **XYZ 4 点法**：将工具的 TCP 从 4 个不同的方向移向同一个参照点，移至参照点所用的 4 个法兰位置彼此必须间隔足够距离，且不得位于同一平面内，以保证其精度。

➢ **XYZ 参照法**：对一件新工具与一件已测量过的工具进行比较测量，机器人控制系统比较法兰位置，并对新工具的 TCP 进行计算。此方法适用于几何相似的同类工具。

➢ **ABC 两点法**：通过移至 X 轴上一点和 O–XY 平面上一点的方法，机器人控制系统即可得知工具坐标系的各轴。当轴方向要求特别精确地确定时，将采用此方法。

➢ **ABC 世界坐标系法**：将工具坐标系的轴平行于全局坐标系的轴进行校准，机器人控制系统从而得知工具坐标系的姿态。

➢ **数字输入法**：直接输入至法兰中心点的距离值（X、Y、Z）及其 X 轴、Y 轴、Z 轴的回转角（A、B、C）。

5.1.2 工具坐标系定义过程

以 KR4 R600 为例，用"XYZ 4 点法"和"ABC 两点法"介绍工具坐标系的建立步骤，该方法同样适用于 KUKA 其他型号机器人。工具坐标系建立步骤见表 5.1。

表 5.1　工具坐标系建立步骤

序号	图片示例	操作步骤
1		开机后，显示主菜单画面，并将用户组权限改成"专家"

续表 5.1

序号	图片示例	操作步骤
2		选择【投入运行】
3		选择【工具/坐标系管理】

续表 5.1

序号	图片示例	操作步骤
4	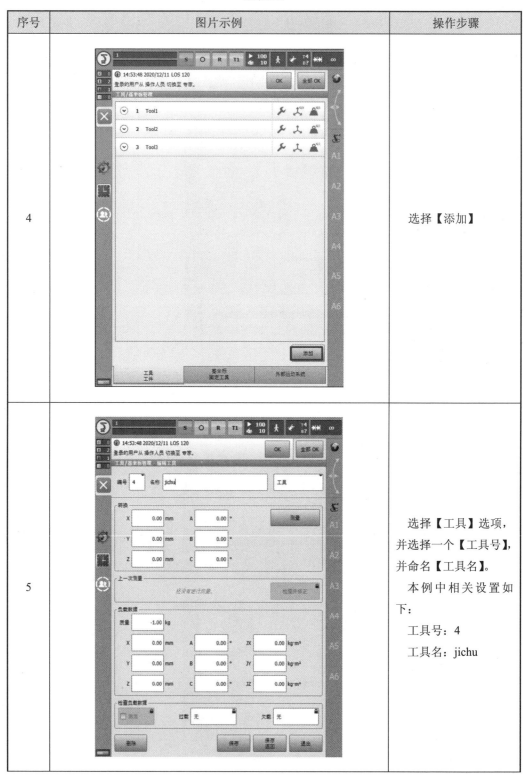	选择【添加】
5		选择【工具】选项，并选择一个【工具号】，并命名【工具名】。本例中相关设置如下： 工具号：4 工具名：jichu

续表 5.1

序号	图片示例	操作步骤
6		选择【测量】→【XYZ4 点法】
7	方向 1	手动操纵机器人，使其工具（尖锥）处于图示方向 1 注：工具的姿态差别越明显，建立的工具坐标系精度将越高

续表 5.1

序号	图片示例	操作步骤
8		选择【Touch—UP】，完成数据记录
9		手动操纵机器人，使其工具（尖锥）处于图示方向 2

续表 5.1

序号	图片示例	操作步骤
10		选择【Touch—UP】，完成第 2 个数据记录
11	方向 3	手动操纵机器人，使其工具（尖锥）处于图示方向 3

续表 5.1

序号	图片示例	操作步骤
12	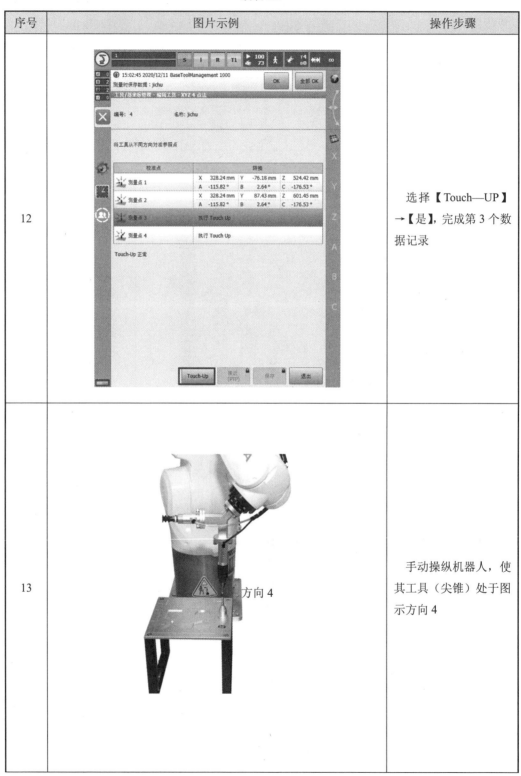	选择【Touch—UP】→【是】，完成第 3 个数据记录
13	方向 4	手动操纵机器人，使其工具（尖锥）处于图示方向 4

续表 5.1

序号	图片示例	操作步骤
14		选择【Touch—UP】→【是】，完成第 4 个数据记录
15		测量完成后选择【保存】

续表 5.1

序号	图片示例	操作步骤
16		数据记录完成后，自动跳转到此界面，设置工具【负载数据】 本例中数据设置如下： M[kg]：0.5 X[mm]：100 Z[mm]：100 其余数据设为默认即可
17		选择【测量】→【ABC2点法】

续表 5.1

序号	图片示例	操作步骤
18		手动操纵机器人，使其工具（尖锥）处于图示方向，即新建工具坐标系 TCP 点
19		选择【Touch—UP】测量出 TCP 原点的数值

续表 5.1

序号	图片示例	操作步骤
20		手动操纵机器人，使其工具（尖锥）处于图示方向，即新建工具坐标系 X 轴正方向一点
21		选择【Touch—UP】，完成工具坐标系 X 轴数据记录

续表 5.1

序号	图片示例	操作步骤
22		手动操纵机器人，使其工具（尖锥）处于图示方向，即新建工具坐标系 Y 轴负方向一点
23		选择【Touch—UP】，完成工具坐标系 Y 轴数据记录

续表 5.1

序号	图片示例	操作步骤
24	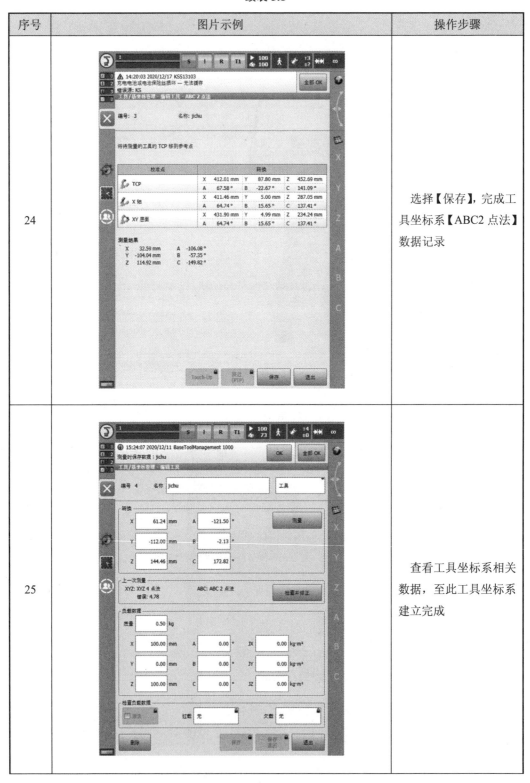	选择【保存】，完成工具坐标系【ABC2 点法】数据记录
25		查看工具坐标系相关数据，至此工具坐标系建立完成

续表 5.1

序号	图片示例	操作步骤
26		工具坐标系建立后效果图

5.1.3 工具坐标系验证

工具坐标系建立完成后，需要对新建的工具坐标系进行控制点验证，以确保新建工具坐标系满足实际要求。工具坐标系验证步骤见表 5.2。

表 5.2 工具坐标系验证

序号	图片示例	操作步骤
1		在示教器状态栏中，点击坐标系选择快捷窗口，进行如下设置： 选择工具选择为：3 选择基坐标系为：默认 IPO 模式选择为：法兰

续表5.2

序号	图片示例	操作步骤
2		选择【工具坐标系】
3		在主菜单中选择【显示】→【实际位置】

续表 5.2

序号	图片示例	操作步骤
4		按下【确认开关】+【运动键】（A、B、C），使机器人分别沿 X、Y、Z 轴旋转，检查工具坐标系的方向设定是否有偏差
5		若发生明显偏移 dx，则不符合要求，需要重复以上步骤重新建立工具坐标系

5.2 基坐标系

基坐标系是用户对每个作业空间进行定义的直角坐标系，需要在编程前先进行自定义。如果未定义则与世界坐标系重合。在默认状态下，用户可以设置 32 个用户坐标系。

❋ 基坐标系

5.2.1 基坐标系定义原理

基坐标系是通过相对全局坐标系的坐标系原点的位置（X、Y、Z 的值）和 X 轴、Y 轴、Z 轴的旋转角来定义。图 5.3 所示是完成基坐标系建立后的效果图。

图 5.3　基坐标系效果图

KUKA 机器人基坐标系的设置方法有 3 种：3 点法、间接法、数字输入法。

> **3 点法**：示教 3 点，即坐标系的原点、X 轴方向的 1 点、XY 平面上的 1 点进行示教。3 点法测量基坐标过程时，3 个点测量不允许位于一条直线上，这些点间必须有不小于 2.5° 的夹角。

> **间接法**：示教 4 点，即平行于坐标系 X 轴的始点、X 轴方向的 1 点、O-XY 平面上的 1 点、坐标系的原点进行示教。

> **数字输入法**：已知基座的原点与世界坐标系原点距离和基座坐标轴相对于世界坐标系的旋转的数值，直接将坐标系的数值，输入到相关的内容里，可直接使用。

5.2.2　基坐标系定义过程

以 KR4 R600 为例，用 3 点法介绍基坐标系的建立步骤，该方法同样适用于 KUKA 其他型号机器人。

基坐标系建立步骤见表 5.3。

表 5.3　基坐标系建立步骤

序号	图片示例	操作步骤
1		开机后，显示主菜单画面，并将用户组权限改成"专家"
2		选择【投入运行】

续表 5.3

序号	图片示例	操作步骤
3		选择【工具/基坐标管理】
4		选择【添加】

续表 5.3

序号	图片示例	操作步骤
5		选择【基坐标】选项，并给基坐标系进行编号和命名，并点击测量→【3 点】 本例中相关设置如下： 基坐标系统号：1 基坐标系名称：gongjian
6		选择【参考工具编号】 注：可以参考一个机器人已标定的工具坐标系，如 jichu；也可参考默认工具坐标系

续表 5.3

序号	图片示例	操作步骤
7		手动操纵机器人，将其工具（尖锥）TCP 移至新基坐标系原点位置
8		移至完成后，选择【Touch—UP】，完成基坐标系原点数据记录

续表 5.3

序号	图片示例	操作步骤
9		手动操作机器人，将 TCP 移至沿新基坐标系 的+X 方向一点，至少移 动 50 mm
10		移至完成后，选择 【Touch—UP】，完成基 坐标系 X 轴数据记录

续表 5.3

序号	图片示例	操作步骤
11		手动操作机器人，将 TCP 移至新基坐标系的 +Y 方向一点，至少移动 50 mm
12		移至完成后，选择【Touch—UP】，完成基坐标系 Y 轴数据记录

续表 5.3

序号	图片示例	操作步骤
13		选择【保存】，系统将新的基坐标系数据自动记录到控制器
14		查看基坐标系相关数据，至此基坐标系建立完成

续表 5.3

序号	图片示例	操作步骤
15		基坐标系建立后效果图

5.2.3　基坐标系验证

基坐标系验证具体步骤见表 5.4。

表 5.4　基坐标系验证

序号	图片示例	操作步骤
1		在示教器状态栏中，点击坐标系选择快捷窗口，进行如下设置： 工具选择：jichu 基坐标选择：gongjian Ipo 模式选择：法兰

续表 5.4

序号	图片示例	操作步骤
2	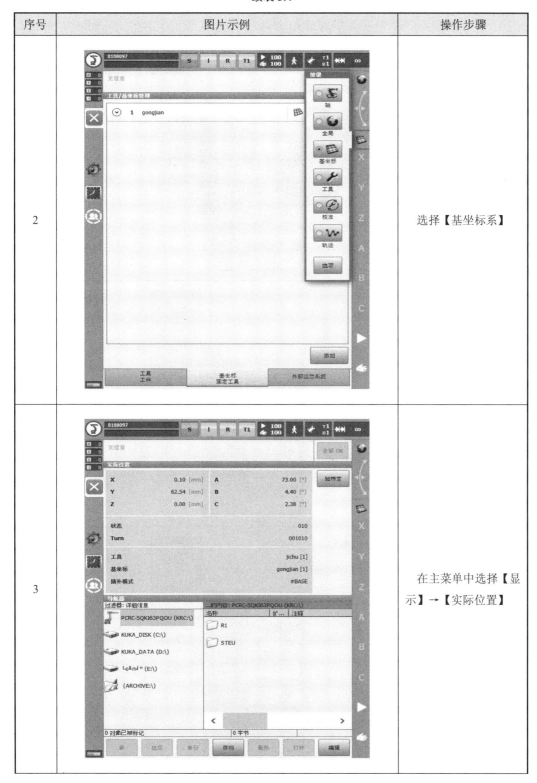	选择【基坐标系】
3		在主菜单中选择【显示】→【实际位置】

续表5.4

序号	图片示例	操作步骤
4		按下【确认开关】+【运动键】（X、Y、Z），示教机器人分别沿 X、Y、Z 轴方向运动，检查基坐标系的方向设定是否有偏差 **注**：若有偏差则不符合要求，需要重复以上步骤重新建立基坐标系

思考题

一、填空题

1. KUKA 机器人工具坐标系的设置方法有：_____、_____、_____、_____、_____ 和 _____。

2. KUKA 机器人基坐标系的设置方法有 _____、_____ 和 _____。

二、简答题

1. 简述笛卡尔坐标系原理。

2. 简述工具坐标系建立步骤及验证方法。

3. 简述基坐标系建立步骤及验证方法。

第6章 机器人 I/O 通信

KUKA 机器人常用的通信总线有 PROFINET、EtherNet/IP、EtherCAT、自带 I/O 等。外部 I/O 设备通常采用 EtherCAT 通信方式，挂载在 KUKA Extension Bus（SYS-48）总线上。

6.1 通用 I/O 配置

I/O 信号即输入/输出信号，是机器人与末端执行器、外部装置等系统的外围设备进行通信的电信号。

❈ 通用 I/O 配置

→ 16 位输入
→ 16 位输出

图 6.1 机器人输入/输出信号

6.1.1 通用 I/O 设备组态

完成了 I/O 设备的硬件连接后，需要对连接的 I/O 设备进行组态，通过组态导入设备说明文件，完成对设备的硬件信息识别。

组态 I/O 设备需要通过 WorkVisual 软件完成。

注：WorkVisual 软件可在 KUKA 机器人官网下载。

表 6.1　通用 I/O 设备组态步骤

序号	图片示例	操作步骤
1		打开 WorkVisual 软件
2		进入 WorkVisual 软件界面，点击【退出】

6.1.2　通用 I/O 关联

KUKA 机器人通用 I/O 与设备硬件 I/O 关联步骤见表 6.2。关于 WorkVisual 软件通信连接请参考本书 11.3.1 节。

表 6.2　通用 I/O 关联

序号	图片示例	操作步骤
1		点击【文件】→【查找项目】

续表 **6.2**

序号	图片示例	操作步骤
2		如果查找项目中没有可用单元，点击【更新】
3		选择当前机器人激活项目，激活的项目带有绿色箭头显示，点击【打开】
4		在"项目结构－设备"窗口中选择当前项目，双击激活控制系统，将机器人项目下载到 WorkVisual 中

续表 6.2

序号	图片示例	操作步骤
5		展开当前项目分支 注：如果默认没有KUKA Extension Bus（SYS-48）总线，需要手动添加
6		右击【总线结构】→【添加】
7		选择 KUKA Extension Bus（SYS-48）总线，点击【OK】，完成添加

续表 6.2

序号	图片示例	操作步骤
8		选择 KUKA Extension Bus（SYS-48）总线，展开分支，右击【EtherCAT】→【添加】
9		选择【Interface Board Standard（IFB-STD）】，点击【OK】
10		左侧栏点击【KRC 输入/输出端】，右侧栏点击【现场总线】

续表 6.2

序号	图片示例	操作步骤
11		左侧栏点击【数字输入】，右侧栏点击【Interface Board Standard（IFB-STD）】，下方区域显示待关联信号
12		左侧选择 KUKA 控制器待关联 I/O，右侧选择 I/O 设备需关联 I/O，点击【🔗】（连接）
13		完成数字输出信号的关联 注：数字输出信号的关联参考此步骤

6.1.3　通用 I/O 配置下载

完成通用 I/O 关联后，需要将配置信息下载到控制器，具体步骤见表 6.3。

表 6.3　通用 I/O 配置下载

序号	图片示例	操作步骤
1		对配置完成的项目编译【　】（生成代码）
2		编码确认配置没有错误
3		打开配置完成的项目，点击【　】（安装）

续表 6.3

序号	图片示例	操作步骤
4		勾选需要下载的项目，点击【继续】 **注**：点击【完成】之后，软件将自动完成
5		配置项目自动编码
6		代码生成完成，此时需要将控制器用户切换成【专家用户】→【继续】

续表 6.3

序号	图片示例	操作步骤
7		将项目下载到控制器,等待项目传输完成,点击【继续】
8		进入等待激活项目操作,此时示教器画面会显示是否允许激活请求
9		点击【是】,机器人将自动安装项目

续表 6.3

序号	图片示例	操作步骤
10		进行项目安装
11		项目改动确认，点击【是】，等待安装完成 注：安装完成后，机器人系统会自动重启，完成配置

续表 6.3

序号	图片示例	操作步骤
12		点击【完成】, 完成 I/O 配置下载任务

6.2　通用 I/O 显示

6.2.1　数字输入 I/O 信号状态查看

查看当前数字输入 I/O 信号状态方法见表 6.4。

表 6.4　查看当前数字输入 I/O 信号状态方法

序号	图片示例	操作步骤
1		点击主菜单【⟲】, 选择【显示】→【输入/输出】→【数字输入端】

续表 6.4

序号	图片示例	操作步骤
2		输入输出界面主要有：输入、输出端窗口、选择当前信号状态显示、信号操作区域
3		选择需要修改的信号，点击【名称】，可以修改信号的标签名称，如将 IN1 修改标签为 1，点击【回车】

续表 6.4

序号	图片示例	操作步骤
4		点击【OK】，完成修改
5		点击信号操作区的【至】选项，如输入200，点击【回车】，可以快速定位到该信号

续表 6.4

序号	图片示例	操作步骤
6		信号会自动跳转到 IN200 的位置 注：也可以点击右侧【-100】或者【+100】，进行快速切换

6.2.2　数字输出 I/O 信号状态查看及仿真

查看当前数字输出 I/O 信号状态及仿真方法见表 6.5。

表 6.5　查看当前数字输入 I/O 信号状态方法

序号	图片示例	操作步骤
1		点击主菜单【↺】，选择【显示】→【输入/输出】→【数字输入/输出端】，切换到输出信号查看界面

续表 6.5

序号	图片示例	操作步骤
2		信号仿真（即强制控制输出信号状态）方法： （1）选择需要仿真的信号； （2）按住【确认开关】点击【值】，信号立即输出 1； （3）按住【确认开关】，再次点击【值】，信号立即输出 0 注：当前状态可以通过信号灯状态显示

6.3 外部自动运行配置

6.3.1 外部输入端

外部输入端是指通过外部的输入信号控制机器人输入端的相应动作，可以理解为系统输入，其信号界面如图 6.2 所示。

※ 外部自动运行配置

外部输入信号界面包含控制器所有的外部输入信号、当前信号的状态以及所关联的通用 I/O 信号端口。

外部输入端信号的状态由通用输入信号的状态决定，具体取决于每个信号后面的值。如果外部输入端口信号后面值为"1"，则该信号由通用输入信号 IN[1]状态控制。

配置外部输入端口信号的状态见表 6.6。

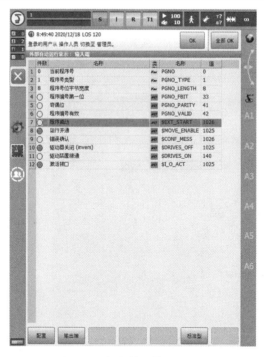

图 6.2　外部输入信号界面

表 6.6　配置外部输入端口信号

序号	图片示例	操作步骤
1		点击主菜单【🔧】，选择【显示】→【输入/输出】→【外部自动运行】

续表 6.6

序号	图片示例	操作步骤
2		点击【详细信息】 注：默认标准型界面，只显示当前信号名称和状态
3		点击【配置】，进行外部输入端口号配置 注：详细信息界面还可以看到信号类型，以及所关联的通用 I/O 端口号

续表 6.6

序号	图片示例	操作步骤
4		选择需要配置的外部输入信号，点击【编辑】
5		输入 "4"，点击【OK】，完成配置

续表 6.6

序号	图片示例	操作步骤
6		外部输入信号【程序启动】由外部通用信号 IN[4]控制

6.3.2　外部输出端

外部输出端是指控制器通过外部通用的输出信号将机器人当前的系统状态输出来，可以理解为系统输出，其信号界面如图 6.3 所示。

图 6.3　外部输出信号界面

通过外部输出信号界面可以看出控制器所有的外部输出信号、当前信号的状态以及所关联的通用 I/O 信号端口。

外部输出端信号的状态由通用输出信号显示，具体取决于每个信号后面的值，如果外部输出端口信号后面值为"137"，则该信号由通用输出信号 OUT[137]显示。如果当前外部输出信号状态为"1"，则通用输出信号 OUT[137]状态为"1"；如果当前外部输出信号状态为"0"，则通用输出信号 OUT[137]状态为"0"。配置外部输出端口信号的状态见表 6.7。

表 6.7 配置外部输出端口信号

序号	图片示例	操作步骤
1		点击主菜单【🕐】，选择【显示】→【输入/输出】→【外部自动运行】

续表 6.7

序号	图片示例	操作步骤
2		默认进入为外部输入端口信号界面，点击【详细信息】→【输出端】
3		外部输出端口界面可以查看当前外部输出信号的状态、信号类型以及关联的通用输出信号端口值，点击【配置】，进行外部输出端口号配置

续表 6.7

序号	图片示例	操作步骤
4		选择需要配置的外部输入信号，点击【编辑】
5		输入"3"，点击【回车键】或者点击【OK】，完成配置

续表 6.7

序号	图片示例	操作步骤
6		外部输出信号【驱动装置处于待机运行状态】由外部通用信号 OUT[3] 显示

6.3.3　实现外部自动运行配置

机器人外部自动运行是指通过外部设备控制机器人动作。外部设备可以是输入按钮，上位控制机 PLC 等。

实现 KUKA 机器人外部启动的方式有很多，本节介绍一种比较简单的配置方法。该方法是一种不通过程序号，而是通过选定好要运行的程序的外部启动机器人方法。

1. 外部启动实现步骤

在 T1 模式下，把用户程序按控制要求插入到 cell.src，选定 cell.src 程序。

（1）把机器人运行模式切换到 EXT 模式。

（2）在机器人系统没有报错的条件下，上电即刻给机器人发出【运行开通，$MOVE_ENABLE】信号。

注：此信号需一直接通，且不能为 1 025。

（3）给完【运行开通，$MOVE_ENABLE】信号 500 ms 后，再给机器人【驱动器关闭，$DRIVE_OFF】（需一直接通，且不能为 1 025）信号。

（4）给完【驱动器关闭，$DRIVE_OFF】信号 500 ms 后，再给机器人【错误确认，$CONF_MESS】信号。

（5）给完【错误确认，$CONF_MESS】信号 500 ms 后，再给机器人【驱动装置接通，$DRIVE_ON】信号。

（6）给完【驱动装置接通，$DRIVE_ON】信号后，需等待接收到机器人发出【驱动装置处于待机运行状态，$PERI_RDY】信号，接收到信号后再断开【驱动装置接通，$DRIVE_ON】信号。

（7）最后发送一个大于 500 ms 的【程序启动，$EXT_START】信号就可以启动机器人。

2. 外部停止实现原理及步骤

断掉【驱动器关闭，$DRIVE_OFF】信号，机器人伺服立即断电，机器人停止。再次启动机器人需按外部启动方法重新启动。

3. 外部具体配置

外部具体配置如图 6.3 所示。

（a）外部启动输入配置

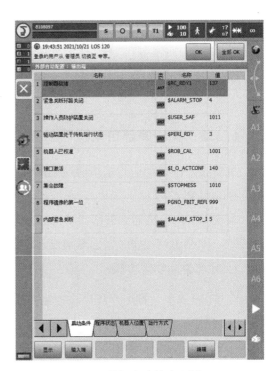
（b）外部启动输出配置

图 6.3　外部启动配置

思考题

一、填空题

1. KUKA 机器人常用的通信总线有：_____、_____、_____和_____。

2. 通信方式为 EtherCAT 时，KUKA 机器人 I/O 设备组态前需要将_____和连接。

二、简答题

1. 数字输出 I/O 信号查看方式是什么？

2. 外部输入端的定义是什么？

3. 外部输出端的定义是什么？

4. 简述如何实现外部自动运行。

第7章
机器人基本指令

KUKA 机器人常用的基本指令有：运动指令、逻辑指令、流程控制指令等。其系统指令菜单包含：上一条指令、运动、移动参数、逻辑、模拟输出、注释，如图 7.1 所示。

图 7.1　指令菜单界面

指令菜单中的相关功能介绍见表 7.1。

表 7.1　编辑程序

序号	指令菜单	说　　　明
1	上一条指令	执行上一次执行的命令，其参数值将被写入输入窗口作为参考
2	运动	包含点到点运动、线性运动、圆周运动、样条运动指令
3	移动参数	力矩监控
4	逻辑	包含等待指令、数字输出指令、样条曲线触发器等
5	模拟输出	包含静态和动态
6	注释	包含标准和印章

7.1　程序运动指令

动作指令是指以指定的移动速度和移动方法使机器人向作业空间内的指定位置移动的指令。

动作指令包含 7 个部分：运动方式、目标点名称、轨迹逼近、移动速度、运动数据组名称、工具坐标号和基坐标号，如图 7.2 所示，其各组成部分说明见表 7.2。

※　程序运动指令

图 7.2　动作指令格式

表 7.2　动作指令各组成部分说明

序号	名称	说　　明
1	运动方式	指向目标位置的移动轨迹
2	目标点名称	名称可以更改。需要编辑点数据时点击触摸箭头，相关选项窗口即可打开
3	轨迹逼近	实际运行轨迹与示教轨迹的接近程度
4	移动速度	机器人在实际运动过程中的运动速度
5	运动数据组名称	名称可以更改。需要编辑点数据时点击触摸箭头，相关选项窗口即可打开
6	工具坐标号	显示当前机器人所使用的工具坐标系
7	基坐标号	显示当前机器人所使用的基坐标系

7.1.1　运动方式

KUKA 机器人常用的运动方式有 4 类：点到点运动（PTP）、线性运动（LIN）、圆周运动（CIRC）和样条运动。

1. 点到点运动（PTP）

点到点运动（Point to Point，PTP）是指机器人沿最快的轨迹将 TCP 从起始点移动至目标点的运动，这是耗时最短，也是最优化的移动方式。

一般情况下最快的路径并不是最短的路径，也就是说轨迹并非是直线。因为机器人轴进行回转运动，所以曲线轨道比直线轨道行进更快。所有轴的运动同时开始和结束，这些轴必须同步，因此无法精确地预计机器人的轨迹。

如图7.3所示，机器人工具TCP从P1点移动到P2点，采用PTP运动方式时，移动路线不一定是直线。由于运动轨迹无法精确预知，所以在调试以及运行过程中，遇到阻挡物体时，应当降低速度来测试机器人的移动特性，否则可能发生碰撞，导致部件或机器人损伤。

例：1 PTP P1 Vel=100% PDAT1 Tool[1]:1 Base[1]:1
    2 PTP P2 Vel=100% PDAT2 Tool[1]:1 Base[1]:1

图7.3　点到点运动

2. 线性运动（LIN）

线性运动是指机器人沿一条直线以定义的速度将TCP移动至目标点的运动，如图7.4所示。

在线性运动过程中，机器人各轴之间将进行配合，使得TCP从起点到目标点做直线运动，因为两点确定一条直线，所以只要给出目标点就可以。

例：1 PTP P1 Vel=100% PDAT1 Tool[1]:1 Base[1]:1
    2 LIN P2 Vel=2.00 m/s CPDAT2 Tool[1]:1 Base[1]:1

图7.4　线性运动

3. 圆周运动（CIRC）

圆周运动是指机器人沿圆形轨道以定义的速度将 TCP 移动至目标点的运动，如图 7.5 所示。

圆形轨道是通过起点、辅助点和目标点定义的，起始点、辅助点和目标点应在同一个平面上。上一条指令以精确定位方式抵达的目标点可以作为起点；辅助点是指圆周所经历的中间点，对于辅助点来说，只是 X、Y 和 Z 轴起决定作用；目标点是指 TCP 要到达的位置。为了机器人能够尽可能准确地确定这一平面，上述三点相互之间离得越远越好。

例：　1 PTP P1 Vel=100% PDAT1 Tool[1]:1 Base[1]:1
　　　2 CIRC P2 P3 Vel=2.00 m/s CPDAT2 Tool[1]:1 Base[1]:1

图 7.5　圆周运动

如果要求机器人按给定的速度精确地沿着某条轨迹抵达某一个点，或者在移动过程中存在对撞的危险而不能以 PTP 运动方式抵达目标点的时候，可以采用线性运动或圆周运动。

4. 样条运动

样条运动是一种尤其适用于复杂曲线轨迹的运动方式。这种轨迹是由多个线性运动和圆周运动组合而成，称为样条组。位于样条组中的运动称为样条段，可以对它们单独进行示教。机器人控制系统把一个样条组作为一个运动语句进行设计和执行。

KUAK 机器人的样条组分为 2 种类型：CP 样条组和 PTP 样条组。

➢ CP 样条组：可以包含 SPL、SLIN 和 SCIRC 样条段指令。

➢ PTP 样条组：可包含 SPTP 样条段指令。

如果一个样条组中不包含任何样条段，则不能算是运动指令。

7.1.2　目标点名称

系统会对目标点自动分配一个名称，用户也可以更改。触摸箭头以编辑点数据，则坐标系选项窗口自动打开，如图 7.6 所示。

可以在坐标系选项窗口中输入工具坐标系和基坐标系的正确数据，以及外部 TCP 和碰撞监控的数据，表 7.3 是坐标系选项窗口中各选项说明。

图 7.6　坐标系选项窗口

表 7.3　选项说明

序号	名称	说　　明
1	工具	外部 TCP 栏中显示 True 时，选择工具坐标系。选择范围：[1] … [16]
2	外部 TCP	False：该工具已安装在连接法兰上 True：该工具为固定工具
3	基坐标	外部 TCP 栏中显示 True 时，选择固定基坐标系。选择范围：[1] … [32]
4	碰撞识别	True：机器人控制系统为此运动计算轴的扭矩。此值用于碰撞识别。 False：机器人控制系统不为此运动计算轴的扭矩。因此对此运动无法进行碰撞识别

7.1.3　轨迹逼近

轨迹逼近是指机器人不会精确移至程序设定的目标点，而是圆滑过渡至下一个目标点起到减少磨损、工艺需要或降低节拍时间等作用。如图 7.7 所示，KUKA 机器人轨迹逼近有 2 种状态。

➤ CONT：目标点被轨迹逼近。机器人靠近目标位置，但不在该位置停止而是趋近目标位置后，圆滑过渡至下一位置。圆滑过渡的距离可在运动数据组相关选项窗口中修改。

➤ [空白]：将精确地移至目标点。机器人精确移至目标位置后并停顿，然后向着下一目标位置移动。

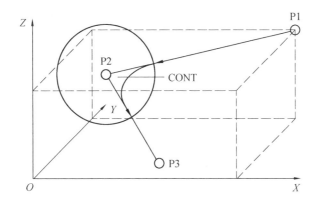

图 7.7　轨迹逼近

在 PTP 运动时，若发生轨迹逼近，由于运动轨迹不可预见，则圆滑过渡的滑过点在轨迹的哪一侧经过也是无法预测的。轨迹逼近发生在直线或圆周运动过程中时，滑过点在一条更短的轨迹上运动。

当在运动指令之后跟着一个触发预进停止的指令时，则无法进行圆滑过渡。

7.1.4　移动速度

移动速度是指机器人在真实运动过程中的运动速度。在移动速度中需要指定速度的单位，可选择的单位根据动作指令的运动方式的不同而不同。

➢ PTP 运动时，移动速度是指相对最大速度的比率，范围为 1%～100%。

➢ 沿轨迹的运动时，移动速度范围为 0.001～2 m/s。

7.1.5　运动数据组名称

系统会对运动数据组自动分配一个名称，用户也可以更改。KUKA 机器人的运动数据组有 2 类：

➢ PDAT：表示点到点运动数据组名称，可以进行相关运动参数设置。

➢ CPDAT：表示连续轨迹运动数据组名称，可设置线性运动、圆周运动和样条运动相关参数。

触摸箭头以编辑运动数据组数据，则移动参数选项窗口自动打开，如图 7.8 所示，相关选项功能见表 7.4。在运动参数选项窗口中可将加速度从最大值降下来。如果已经激活轨迹逼近，则可以更改圆滑过渡距离。根据运动方式的不同，该距离的单位可以设置为 mm 或%。

图 7.8　移动参数选项窗口

表 7.4　移动参数选项功能

序号	名称	说　　明
1	轨迹加速	相对机器人数据中给出的最大加速度的比率，范围为 1%～100%。此最大值与机器人类型和所设定的运行方式有关。该加速度适用于该运动语句的主要轴
2	圆滑过渡距离	只有在轨迹逼近为 CONT 时，此栏才显示。表示离目标点的距离，并开始发生圆滑过渡 最大值：从起始点到目标点之间的距离一半。如果输入一个大于最大值的数值，则系统默认采用最大值 PTP 运动时，范围为 1%～100% 连续轨迹运动时，范围为 1～1 000 mm
3	方向引导	仅在 LIN 和 CIRC 运动时才显示该栏。 选择姿态引导方式，有 3 种：标准、手动 PTP、恒定的方向。 标准：TCP 的姿态在运动过程中不断均匀变化。 手动 PTP：TCP 的姿态在运动过程中不断变化，但变化不均匀。 当机器人必须精确保持特定方向运行时，如进行激光焊接，则不宜使用。 恒定的方向：TCP 的姿态在运动过程中保持不变

7.2 逻辑指令

KUKA 机器人常用的逻辑指令有 WAIT（等待延时）、WAIT FOR（等待信号输入）、OUT（信号输出）、PULSE（脉冲输出）等。

※ 逻辑与流程控制指令

7.2.1 WAIT

WAIT 指令是与时间相关的等待功能指令。用 WAIT 可以使机器人的运动按编程设定的时间暂停，WAIT 总是触发一次预进停止，单位为 s。WAIT 指令的详情见表 7.5。

表 7.5 WAIT 指令

联机表格	WAIT Time=① 1 sec
内容	① 等待时间，常数
示例	WAIT Time=1sec
说明	机器人等待 1 s

7.2.2 WAIT FOR

WAIT FOR 指令是与信号相关的等待功能指令。需要时可将多个信号（最多 12 个）按逻辑连接。如果添加了一个逻辑连接，则指令中会出现用于附加信号和其他逻辑连接的选项。WAIT FOR 指令的详情见表 7.6。

表 7.6 WAIT FOR 指令

联机表格	WAIT FOR ① (② ③ IN ④ 1 ⑤) ⑥
内容	① 添加外部连接：AND、OR、EXOR、NOT、[空白] ② 添加内部连接：AND、OR、EXOR、NOT、[空白] ③ 等待的信号：IN、OUT、CYCFLAG、TIMER、FLAG ④ 信号编号 ⑤ 信号名称 ⑥ CONT：在预进过程中加工 　 [空白]：带预进停止的加工
示例	WAIT FOR (IN 1 ···)
说明	等待输入 1 有信号

7.2.3 OUT

OUT 指令是信号输出指令，将数字输出端口切换成 TRUE（"高"电平）或者 FALSE（"低"电平）状态。OUT 指令的详情见表 7.7。

表 7.7 OUT 指令

联机表格	OUT ① 1 ② State= ③ TRUE ④ CONT
内容	① 输出端编号 ② 输出端名称 ③ 输出端切换成的状态：TRUE、FALSE ④ CONT：在预进过程中加工 [空白]：带预进停止的加工
示例	OUT1 ·· State=TRUE
说明	将数字输出端口 1 设置为 TRUE 状态

7.2.4 PULSE

PULSE 指令是输出一个定义长度的脉冲。PULSE 指令的详情见表 7.8。

表 7.8 PULSE 指令

联机表格	PULSE ① 1 ② State= ③ TRUE ④ CONT Time= ⑤ 0.1 sec
内容	① 输出端号 ② 输出端名称 ③ 输出端切换成的状态：TRUE、FALSE ④ CONT：在预进过程中加工 [空白]：带预进停止的加工 ⑤ 脉冲长度：0.10~3.00 s
示例	PULSE 1 ·· State=TRUE Time=0.1 sec
说明	数字输出端口 1 输出长度为 0.1s 的高电平

7.3 流程控制指令

除了纯运动指令和通讯指令（切换和等待功能）之外，在 KUKA 机器人程序中还有大量流程控制指令。流程控制指令主要包括两类：

➢ 循环指令：循环指令是指不断重复执行指令块的指令，直至出现终止条件。包含有无限循环、计数循环、条件循环。

➢ 分支指令：使用分支指令后，便可以只在特定的条件下执行程序段。包含有条件分支和多分支结构。

7.3.1　循环指令

1. 无限循环指令——LOOP

LOOP 指令是指令段运行完之后无止境地重复运行的指令。可通过一个提前出现的中断（含 EXIT 功能）退出循环语句。LOOP 指令的详情见表 7.9。

表 7.9　LOOP 指令

格式	LOOP … ENDLOOP
情况 1	无中断的无限循环（无 EXIT）
示例	LOOP 　　PTP P1 Vel=100% PDAT1 Tool[1]:1 Base[1]:1 　　PTP P2 Vel=100% PDAT2 Tool[1]:1 Base[1]:1 ENDLOOP
说明	永久执行对 P1 点和 P2 点的运动指令。通常情况下应避免使用无限循环指令
情况 2	有中断的无限循环（带 EXIT）

示例	LOOP
	　　PTP P1 Vel=100% PDAT1 Tool[1]:1 Base[1]:1
	　　PTP P2 Vel=100% PDAT2 Tool[1]:1 Base[1]:1
	　　IF $IN[1]==TRUE THEN
	　　EXIT
	　　ENDIF
	ENDLOOP

说明	一直执行对 P1 点和 P2 点的运动指令，直到输入信号 1 切换到 TRUE

2. 计数循环指令——FOR

FOR 指令是一种可以通过规定重复次数执行一个或多个指令的控制结构。循环的次数通过计数变量控制，当计数变量超出某个范围时，程序停止运行。FOR 指令的详情见表 7.10。

表 7.10　FOR 指令

格式	FOR counter = start TO last STEP increment • • • ENDFOR
内容	counter：计数变量，整数 start：计数开始值 last：计数终止值 increment：步幅，即从计数开始值向终止值变化的幅度。空白则默认步幅为+1
示例	INT i • • • FOR i=17 TO 21 　　$OUT[i] = TRUE ENDFOR
说明	将输出端 17 至 21 依次切换到 TRUE。用整数变量（INT）"i"来对一个循环语句内的循环进行计数

3. 条件循环

条件循环有 2 种：当型循环指令和直到型循环指令。

➢ 当型循环指令——WHILE。

WHILE 循环是一种当型循环，也称为前测试型循环，这种循环会在执行循环的指令部分前先判断循环条件是否成立。WHILE 指令的详情见表 7.11。

表 7.11　WHILE 指令

格式	WHILE condition • • • ENDWHILE
内容	condition：循环条件
示例	WHILE $IN[1]==TRUE 　　$OUT[17]=TRUE 　　$OUT[18]=FALSE 　　PTP HOME Vel=100% PDAT2 Tool[1]:1 Base[1]:1 ENDWHILE
说明	仅当循环开始时就已满足执行条件（输入端 1 为 TRUE）时，循环执行输出端 17 被切换为 TRUE，输出端 18 被切换为 FALSE，并且机器人移至 HOME 位置

➢ 直到型循环指令——REPEAT。

REPEAT 循环是一种直到型循环，也称为后测试循环，这种循环会在每次执行完循环的指令部分后才会检测终止条件。REPEAT 指令的详情见表 7.12。

表 7.12　REPEAT 指令

格式	REPEAT ●●● UNTIL condition
内容	condition：终止条件
示例	REPEAT 　　$OUT[17]=TRUE 　　$OUT[18]=FALSE 　　PTP HOME Vel=100% PDAT2 Tool[1]:1 Base[1]:1 UNTIL $IN[1]==TRUE
说明	当输出端 17 被切换为 TRUE，而输出端 18 被切换为 FALSE，并且机器人移入 HOME 位置时，才会检测循环终止条件。若此时输入端 1 为 TRUE，则循环停止

7.3.2　分支指令

1. 条件型分支指令——IF

条件性分支（IF 语句）由一个条件和两个指令部分组成。如果满足条件，则可处理第一个指令；如果未满足条件，则执行第二个指令。IF 指令的详情见表 7.13。

表 7.13　IF 指令

格式	IF condition THEN
	　　answering
	ELSE
	　　●●●
	ENDIF

内容	condition：满足条件 answering：执行指令

示例	IF $IN[1]==TRUE THEN
	　　PTP P3 Vel=100% PDAT1 Tool[1]:1 Base[1]:1
	ELSE
	　　PTP P4 Vel=100% PDAT2 Tool[1]:1 Base[1]:1
	ENDIF

说明	如果满足条件（输入端 1 为 TRUE），则机器人运动到 P3 点，否则运动到 P4 点

2. 多分支结构指令——SWITCH ⋯ CASE

若需要区分多种情况（CASE）并为每种情况执行不同的操作，则可用 SWITCH ⋯ CASE 指令达到目的。SWITCH ⋯ CASE 指令的详情见表 7.14。

表 7.14 SWITCH⋯CASE 指令

格式	SWITCH ⋯ 　　CASE ⋯ 　　⋯ 　　CASE ⋯ 　　⋯ 　　⋯ 　　DEFAULT 　　⋯ ENDSWITCH
示例	INT status 　　⋯ SWITCH status 　　CASE 1 　　PTP P5 Vel=100% PDAT3 Tool[1]:1 Base[1]:1 　　CASE 2 　　PTP P6 Vel=100% PDAT4 Tool[1]:1 Base[1]:1 　　DEFAULT 　　PTP HOME Vel=100% PDAT4 Tool[1]:1 Base[1]:1 ENDSWITCH
说明	检查整数变量 status，如果其值为 1，则执行情况 1（CASE1）：机器人运动到 P5 点；如果其值为 2，则执行情况 2（CASE2）：机器人运动到 P6 点；如果变量的值未在任何情况中列出（在该例中为 1 和 2 以外的值），则将执行默认情况：机器人运动到 HOME 位置

 思考题

一、填空题

1. KUKA 机器人常用的运动方式有 4 类：_____、_____、_____和_____。

2. KUKA 机器人常用的逻辑指令有：_____、_____、_____、_____。

二、简答题

1. KUKA 工业机器人基本运动指令的格式是什么？

2. 简述等待指令的作用。

3. KUKA 机器人常用逻辑指令有哪些？其格式分别是什么？

4. KUKA 机器人常用流程控制指令有哪些？其格式分别是什么？

第8章 机器人编程基础

本章介绍 KUKA 机器人的编程基础知识以及常用指令，让读者掌握基础的 KUKA 机器人编程知识并具备一定的编程能力。

8.1 资源管理器

KUKA 机器人操作系统使用的是 Windows 系统，是直观、高效的面向对象的图形用户界面，支持多任务等操作。

资源管理器是一项系统服务，负责管理数据库、持续消息队列或事务性文件系统中的持久性或持续性数据，可对存储数据执行故障恢复，使项目资源更好的整合利用。

KUKA 机器人操作系统的资源管理器导航器界面如图 8.1 所示。

图 8.1 资源管理器导航器界面

资源管理器说明如下：

➤ 标题行：左侧显示选定的过滤器；右侧显示在目录结构中标记的目录或驱动器。

➤ 目录结构：目录和驱动概况。所显示的目录和驱动器，取决于用户组和配置用来区别存储在控制器内的存储器中的几个程序，在相同控制器内不能创建相同名称的程序。

➤ 文件列表：显示在目录结构中标记的目录或驱动器的内容。所显示的程序格式取决于选择的过滤器。

➤ 状态行：可显示信息包括标记的对象、正在运行的动作、用户对话、对用户的输入要求、安全提示等。

➤ 按键栏：显示各子菜单的任务，如"新""选定""备份""存档""删除""打开""编辑"等。具体按键栏功能如下：

① 新：在对应文件夹中新建例行程序名称。

② 选定：选择用户要执行的程序名称。

③ 备份：将完成的程序备份在当前文件中并显示。

④ 存档：将程序文件保存在 USB 和网络。

⑤ 删除：删除所创建的程序名称。

⑥ 打开：可打开文件、程序等。

⑦ 编辑：对程序执行复制、剪切、添加、新（新建）、改名、复位、取消选择等操作。

资源管理器操作步骤见表 8.1。

表 8.1　资源管理器操作步骤

序号	图片示例	操作步骤
1		开机后,显示主菜单。 **注**：操作之前，先将用户组切换至"专家"

续表 8.1

序号	图片示例	操作步骤
2		选择【显示】
3		选择【窗口】→【资源管理器】

续表 8.1

序号	图片示例	操作步骤
4		对各盘中存有的程序项目进行文件管理使用

8.2 程序管理

创建程序前，对程序的概要进行设计。进行设计时，要考虑机器人执行所期望作业的最有效方法，从而使用适当的指令来创建程序。

通过显示在示教器上的菜单栏选择创建程序。在对机器人的位置进行示教的情况下，通过改变机器人的位姿，使机器人移动到适当的位置。

❋ 程序管理

程序创建结束后，根据需要修改程序，视图中可以改变行距，显示详细指令。也可通过程序编辑画面中的菜单栏功能，对指令进行更改、删除、复制、替换、添加、替换打印、程序复位等操作。

8.2.1 程序创建

在指定文件夹中创建程序名称是为了更好地在复杂情况下快速分辨用户指令。创建程序步骤见表 8.2。

表 8.2　程序创建

序号	图片示例	操作步骤
1		按【主菜单】键，显示存储数据的磁盘。程序一般默认保存在 R1—Program 文件夹中 注：在创建程序前先将用户组设置成"专家"，方便程序的编辑与更改
2		选择【新】

续表 8.2

序号	图片示例	操作步骤
3		可选择【Modul】模块，进行创建程序，然后点击【OK】 注：此界面只在用户组设置成"专家"时才显示；各模块没有具体功能，只是系统分出的框架不同而已
4		将程序名命名为【HD1】，单击键盘上的回车键

续表 8.2

序号	图片示例	操作步骤
5		新程序创建完成

8.2.2　程序编辑

在完成程序创建后，可以对程序进行编辑。程序编辑界面如图 8.2 所示。

程序编辑操作包括：新、打开、全选、剪切、复制、添加、删除、备份、存档、打印、改名、属性、过滤器、选择、取消选择程序、程序复位。

图 8.2　程序编辑界面

8.3 程序编辑器

KUKA 机器人系统的程序编辑器界面如图 8.3 所示。

KUKA 机器人程序在声明部分必须声明变量，初始化部分从第一赋值开始，但通常都是从 INI 行开始，至 END 行结束。

※ 程序编辑

图 8.3　程序编辑器界面

程序编辑器界面说明如下：

> 程序名称：显示该程序具体名称。

> 初始化程序：对程序进行初始化。

> 指令：显示程序指令，包括运动指令、逻辑指令、流程控制指令等。

> 程序行号：显示程序中指令所在行数。

> 程序结束记号：程序结束标记，表示本指令后面没有程序指令。

> 按键栏：包含程序更改指令和添加指令、详解、编辑等功能。

8.3.1　指令更改

KUKA 机器人程序的修改比较人性化，可以对动作方式、工具、基坐标、转角度、速度、运动数据组名称等进行改写或定义。指令更改具体步骤见表 8.3。

表8.3 指令更改

序号	图片示例	操作步骤
1		将光标移至需要修改的指令行号的随意位置 注：在指令更改前先将用户组设置成"专家"
2		选择【更改】

续表 8.3

序号	图片示例	操作步骤
3		可对运动方式、目标点名称、目标点下的坐标系、轨迹精度、速度、运动数据组、隐藏的坐标系、逻辑参数等进行修改

1. 目标点位置修改

修改目标点位置具体步骤见表 8.4。

表 8.4　修改目标点位置

序号	图片示例	操作步骤
1		将光标移至需要修改的指令行号的随意位置

续表 8.4

序号	图片示例	操作步骤
2		选择【更改】，点击 P1 点处，可对该点进行更改
3		触摸箭头【▶】可以编辑点数据，对坐标系等进行修改。 中断指令：取消此操作 确定参数：确定参数是否正确 指令 OK：修改定义完成后确定参数正确

2. 移动速度修改

修改移动速度具体步骤见表 8.5。

表 8.5　修改移动速度

序号	图片示例	操作步骤
1		将光标移至需要修改的指令行号的随意位置
2		选择【更改】键，点击 100%处,可对该速度进行更改。 选择【指令 OK】,完成速度修改

3. 指令编辑

指令编辑界面如图 8.4 所示。

图 8.4　指令编辑

指令编辑中各功能见表 8.6。

表 8.6　指令编辑各功能

名称	注释	名称	注释
FOLD	对程序进行详细的解释	查找	快速搜索程序中任何存在的信息
清楚数据列表	将程序中指令转换成系统标准用语	替换	替换程序
剪切	剪切程序	标记的区域	选择标记的程序，可以对其进行偏移、点位信息等操作
复制	复制程序	视图	包含详细显示、换行、小行间距、DEF行等视图模式
添加	将复制的程序添加在程序行里（目标点名称发生改变）	取消选择程序	取消被选中的程序
删除	将选中的程序删除	程序复位	将程序光标复位到程序的第一行
打印	将程序在本地打印	导航器	返回文件夹

8.3.2 指令编写

创建程序后，运动指令和逻辑指令可在指令菜单中直接调用，而其他指令需要用户自行输入，如程序的判断、循环和分支、调用等指令。

本章以 IF 循环指令为例，其编写操作步骤见表 8.7。该操作步骤适用于其他指令。

表 8.7 指令编写

序号	图片示例	操作步骤
1		将光标移至目标程序行
2		点击示教器【键盘按键】，显示输入键盘

续表 8.7

序号	图片示例	操作步骤
3		在键盘中输入大写"IF $IN[7]==TRUE THEN" 注： （1）判断输入信号地址 7 号为真，机器人执行下行指令； （2）在编写时请注意程序格式，详情可查阅库卡手册
4		如图输入完整的程序结：IF $IN[7]==TRUE THEN …… ENDIF 注：输入的指令都为大写

8.4　程序执行

8.4.1　程序停止与恢复

程序的停止,即停止执行中的程序。程序停止的原因有:程序执行中因发生报警而偶然停止和人为停止。

1. 通过急停操作来停止和恢复程序

➢ 急停方法

按下示教器、控制器或操作面板的紧急停止按钮,如图 8.5 所示,执行中的程序即被中断,示教器上显示紧急停止按钮被锁定,处于被按住的状态。图 8.6 所示为示教器的画面上出现紧急停止报警显示。

状态显示栏

图 8.5　紧急停止按钮　　　　　　　　　图 8.6　报警显示

➢ 恢复方法

(1)排除导致紧急停止按钮的原因,包含程序的修改等。

(2)向顺时针方向旋转紧急停止按钮,解除按钮的锁定。

(3)按下示教器(或操作面板)的状态显示栏中的报警信息确认,消除报警显示。

2. 通过停止键来停止和启动程序

➢ 停止程序方法

按下示教器【停止键】,执行中的程序即被中断。

➢ 启动程序方法

（1）选择启动键即可正向启动程序。

（2）选择逆向启动键即可逆方向执行程序。

8.4.2 执行程序

执行程序是指再现所示教的程序。通过程序的自动运行或外部设备 I/O 输入自动启动程序，使生产线自动运转。也可通过机器人自动运行，不需要外部信号输入完成启动。

KUKA 机器人示教器启动设定的操作步骤见表 8.8。

首先条件：

（1）将【用户组】设置成【专家】。

（2）机器人处在遥控状态。

（3）机器人处在动作允许状态。

（4）机器人作业空间内没有人，没有障碍物。

表 8.8　示教器启动设定的操作步骤

序号	图片示例	操作步骤
1		按下【主菜单】键，显示菜单画面

续表 8.8

序号	图片示例	操作步骤
2	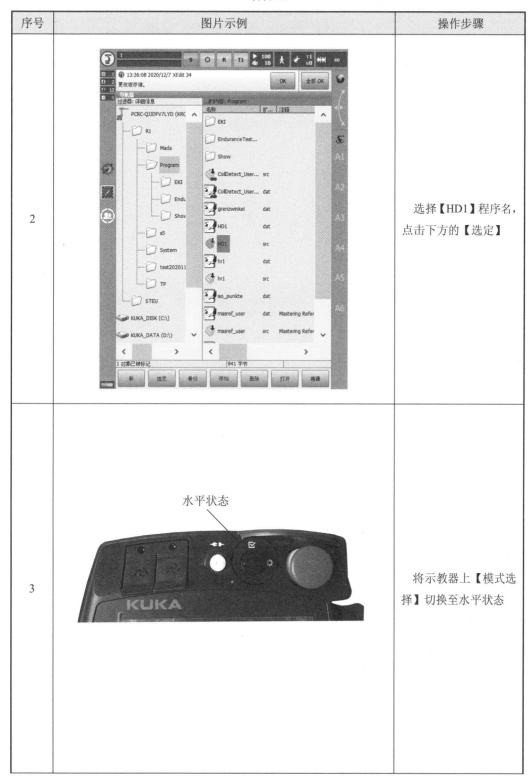	选择【HD1】程序名，点击下方的【选定】
3		将示教器上【模式选择】切换至水平状态

续表8.8

序号	图片示例	操作步骤
4		选择【Aut】，然后将钥匙回复初始状态，即竖直状态
5		状态栏界面显示如下： S：绿色 I：绿色 R：黄色 Aut：绿色 表示可运行该程序

续表 8.8

序号	图片示例	操作步骤
6		按下【启动键】, 机器人执行动作指令

思考题

一、填空题

1. 在创建程序前先将用户组设置成_____, 方便程序的编辑更改等。

2. KUKA 机器人示教器启动自动运行前提条件有: _____、_____、_____、

_____。

二、简答题

1. 如何创建 KUKA 机器人运行程序?

2. 如何示教已完成的程序?

3. 如何复制程序?

4. 简述指令编辑内容。

5. 简述外部执行程序过程。

第9章

编程实例

本章以"工业机器人模块化实训台"——工业机器人技能考核实训台（专业版）来学习基本编程与操作。实训台包含基础模块、激光雕刻模块、工件焊接模块、搬运模块、异步输送带模块，如图 9.1 所示，模拟工业生产基本应用。

（a）工业机器人模块化实训台（模拟）　　　　（b）工业机器人模块化实训台（实例）

图 9.1　工业机器人模块化实训台

本章编程实例以基础模块、搬运模块、异步输送带模块为例，如图 9.2 所示，具体学习机器人做直线运动、圆弧运动、曲线运动、物料搬运、异步输送带物料检测的编程技巧。

（a）基础模块

（b）搬运模块

（c）输送带搬运模块

图 9.2 编程模块

9.1 直线运动实例

本实例使用基础模块，以模块中的四边形为例，演示 KUKA 机器人的直线运动。

路径规划：初始点 P1→过渡点 P2→第一点 P3→第二点 P4→第三点 P5→第四点 P6→第一点 P3→过渡点 P2→初始点 P1，如图 9.3 所示。

※ 直线运动实例

图 9.3 直线运动路径规划

编程前需完成的步骤：

（1）将基础教学模块安装在实训台上。

（2）将工具安装在机器人法兰盘末端。

（3）机器人示教器钥匙开关选择 T1 模式。

（4）将用户组设置成"专家"模式。

直线运动实例步骤见表 9.1。

表 9.1　直线运动实例步骤

序号	图片示例	操作步骤
1		利用"XYZ4 点法"和"ABC 2 点法"建立工具坐标系"1"（"1"为坐标系编号，操作步骤详见 5.1.2 节）
2		利用 3 点法建立基坐标系"1"（"1"为坐标系编号，操作步骤详见 5.2.2 节）

续表 9.1

序号	图片示例	操作步骤
3		按【主菜单】键，显示存储数据的磁盘。一般默认保存在文件夹 R1—Program 中
4		选择【新】

续表 9.1

序号	图片示例	操作步骤
5		可选择【Modul】模块，进行创建程序，然后点击【OK】按钮
6		将程序命名为"HD2"，单击键盘上的回车键。程序名创建完成

续表 9.1

序号	图片示例	操作步骤
7	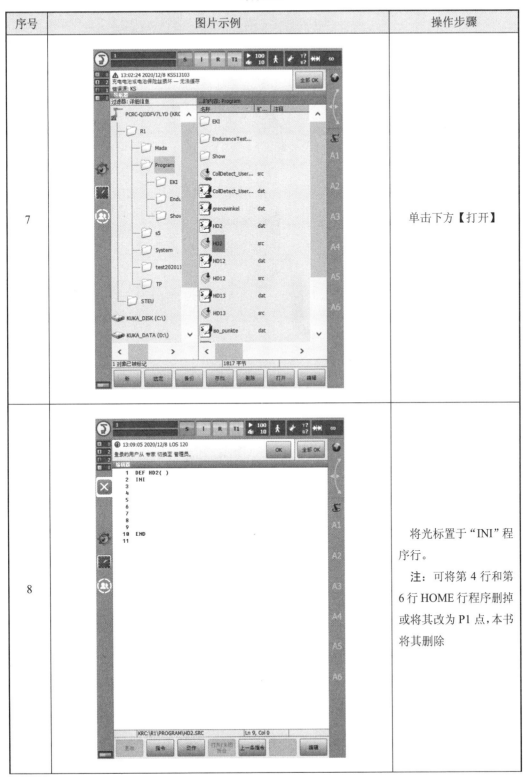	单击下方【打开】
8		将光标置于"INI"程序行。 注：可将第 4 行和第 6 行 HOME 行程序删掉或将其改为 P1 点，本书将其删除

续表 9.1

序号	图片示例	操作步骤
9		手动移动机器人至 P1 点
10		单击【指令】,选择【运动】→【PTP】,然后点击【指令 OK】,P1 点位置记录完成

续表9.1

序号	图片示例	操作步骤
11		手动移动机器人至 P2 点
12		单击【指令】,选择【运动】→【PTP】,然后点击【指令 OK】,P2 点位置记录完成

续表 9.1

序号	图片示例	操作步骤
13		手动移动机器人至 P3 点
14		单击【指令】，选择【运动】→【LIN】，然后点击【指令 OK】，P3 点位置记录完成

续表 9.1

序号	图片示例	操作步骤
15		手动移动机器人至 P4 点
16		单击【指令】,选择【运动】→【LIN】,然后点击【指令 OK】,P4 点位记录完成

续表 9.1

序号	图片示例	操作步骤
17		手动移动机器人至 P5 点
18		单击【指令】,选择【运动】→【LIN】,然后点击【指令OK】,P5 点位记录完成

续表 9.1

序号	图片示例	操作步骤
19	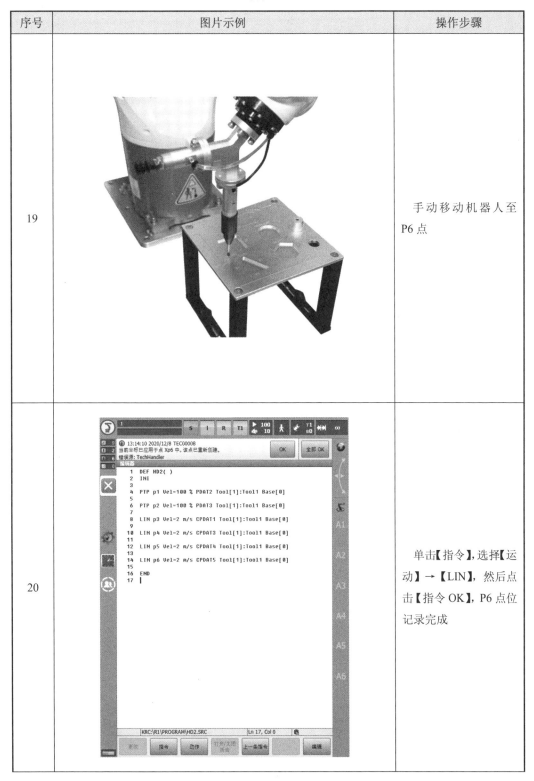	手动移动机器人至 P6 点
20		单击【指令】,选择【运动】→【LIN】,然后点击【指令 OK】,P6 点位记录完成

续表 9.1

序号	图片示例	操作步骤
21		单击【指令】,选择【运动】→【LIN】,点击程序中的目标点名称,将其改为 P3 点,然后点击【指令 OK】 注：修改名称不改变原先点位
22		单击【指令】,选择【运动】→【LIN】,点击程序中的目标点名称,将其改为 P2 点,然后点击【指令 OK】 注：修改名称不改变原先点位

续表 9.1

序号	图片示例	操作步骤
23		单击【指令】,选择【运动】→【PTP】,点击程序中的目标点名称,将其改为 P1 点,然后点击【指令 OK】,完成直线运动程序编写 注:修改名称不改变原先点位

9.2 圆弧运动实例

本实例使用基础模块,以模块中的圆形为例,演示 KUKA 机器人的圆弧运动。

路径规划:初始点 P1→过渡点 P2→第一点 P3→第二点 P4→第三点 P5→第四点 P6→第一点 P3→过渡点 P2→初始点 P1,如图 9.4 所示。

❋ 圆弧运动实例

图 9.4 圆弧运动路径规划

编程前需完成的步骤：

（1）将基础教学模块安装在实训台上。

（2）将工具安装在机器人法兰盘末端。

（3）机器人示教器钥匙开关选择 T1 模式。

（4）将用户组设置成"专家"模式。

圆弧运动实例步骤见表 9.2。

表 9.2　圆弧运动实例步骤

序号	图片示例	操作步骤
1		利用"XYZ4 点法"和"ABC 2 点法"建立工具坐标系"1"（"1"为坐标系编号，操作步骤详见 5.1.2 节）
2		利用 3 点法建立基坐标系"1"（"1"为坐标系编号，操作步骤详见 5.2.2 节）

续表 9.2

序号	图片示例	操作步骤
3		按【主菜单】键，显示存储数据的磁盘。一般默认保存在文件夹 R1—Program 中
4		选择【新】

续表 9.2

序号	图片示例	操作步骤
5		可选择【Modul 模块】模块，进行创建程序，然后点击【OK】按钮
6		将程序命名为"HD5"，单击键盘中的回车键。程序名创建完成

续表 9.2

序号	图片示例	操作步骤
7		单击下方【打开】
8		将光标置于"INI"程序行。 注：可将第 4 行和第 6 行 HOME 行程序删掉或将其改为 P1 点，本书中将其删除

续表 9.2

序号	图片示例	操作步骤
9		手动移动机器人至 P1 点
10		单击【指令】，选择【运动】→【PTP】，然后点击【指令 OK】，P1 点位记录完成

续表 9.2

序号	图片示例	操作步骤
11		手动移动机器人至 P2 点
12		单击【指令】,选择【运动】→【PTP】,然后点击【指令 OK】,P2 点位记录完成

续表 9.2

序号	图片示例	操作步骤
13		手动移动机器人至 P3 点
14		单击【指令】→【运动】→【LIN】，然后点击【指令OK】，P3 点位记录完成

续表 9.2

序号	图片示例	操作步骤
15		手动移动机器人至 P4 点
16		单击【指令】→【运动】→【CIRC】→【辅助点坐标】，确定该点并记录 P4 位置

续表 9.2

序号	图片示例	操作步骤
17		手动移动机器人至 P5 点
18		点击【目标点坐标】，确定该点并记录 P5 位置。点击【指令 OK】

续表 9.2

序号	图片示例	操作步骤
19		手动移动机器人至 P6 点
20		单击【指令】→【运动】→【CIRC】→【辅助点坐标】,确定该点并记录 P6 位置

续表 9.2

序号	图片示例	操作步骤
21		光标移至 P7 点位，在键盘中直接输入"P3"点。点击【指令 OK】
22		单击【指令】，选择【运动】→【LIN】→【P】点位，将其改为 P2 点，然后点击【指令 OK】

续表 9.2

序号	图片示例	操作步骤
23		单击【指令】,选择【运动】→【LIN】→【P】点位,将其改为 P1 点,然后点击【指令 OK】,至此圆弧运行实例结束

9.3 曲线运动实例

曲线可以看作是由 N 段小圆弧或直线组成的,所以可以用 N 个圆弧指令或直线指令完成曲线运动,下面为大家介绍曲线运动实例,该实例的曲线路径由两段圆弧和一条直线构成。

❋ 曲线运动实例

路径规划:初始点 P1→过渡点 P2→第一点 P3→第二点 P4→第三点 P5→第四点 P6→第五点 P7→第六点 P8→过渡点 P9→初始点 P1,如图 9.5 所示。

图 9.5 曲线运动路径规划

编程前需完成的步骤：

（1）将基础教学模块安装在实训台上。

（2）将工具安装在机器人法兰盘末端。

（3）机器人示教器钥匙开关选择 T1 模式。

（4）将用户组设置成"专家"模式。

曲线运动实例步骤见表 9.3。

表 9.3　曲线运动实例步骤

序号	图片示例	操作步骤
1		利用"XYZ4 点法"和"ABC 2 点法"建立工具坐标系"1"（"1"为坐标系编号，操作步骤详见 5.1.2 节）
2		利用 3 点法建立基坐标系"1"（"1"为坐标系编号，操作步骤详见5.2.2 节）

续表 9.3

序号	图片示例	操作步骤
3		按【主菜单】键，显示存储数据的磁盘。一般默认保存在文件夹 R1—Program 中
4		选择【新】

续表 9.3

序号	图片示例	操作步骤
5		可选择【Modul 模块】模块，进行创建程序，然后点击【OK】按钮
6		将程序命名为"HD3"，单击键盘中的回车键。程序名创建完成

续表 9.3

序号	图片示例	操作步骤
7		单击下方【打开】
8		将光标置于"INI"程序行 注：可将第 4 行和第 6 行 HOME 行程序删掉或将其改为 P1 点，本书中将其删掉

续表 9.3

序号	图片示例	操作步骤
9		手动移动机器人至 P1 点
10		单击【指令】→【运动】→【PTP】，然后点击【指令 OK】，P1 点位记录完成

续表 9.3

序号	图片示例	操作步骤
11		手动移动机器人至P2 点
12		单击【指令】→【运动】→【PTP】，然后点击【指令 OK】，P2 点位记录完成

续表 9.3

序号	图片示例	操作步骤
13	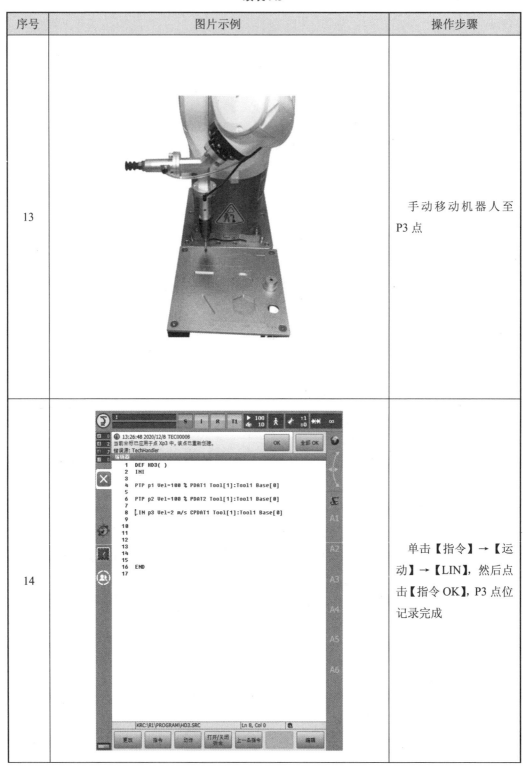	手动移动机器人至 P3 点
14		单击【指令】→【运动】→【LIN】，然后点击【指令 OK】，P3 点位记录完成

续表 9.3

序号	图片示例	操作步骤
15		手动移动机器人至 P4 点
16		单击【指令】→【运动】→【CIRC】→【辅助点坐标】,确定该点并记录 P4 位置

续表 9.3

序号	图片示例	操作步骤
17		手动移动机器人至 P5 点
18		点击【目标点坐标】，确定该点并记录 P5 位置。点击【指令 OK】

续表 9.3

序号	图片示例	操作步骤
19		手动移动机器人至 P6 点
20		单击【指令】→【运动】→【LIN】，然后点击【指令 OK】，P6 点位记录完成

续表 9.3

序号	图片示例	操作步骤
21		手动移动机器人至 P7 点
22		单击【指令】→【运动】→【CIRC】→【辅助点坐标】，确定该点并记录 P7 位置

续表 9.3

序号	图片示例	操作步骤
23		手动移动机器人至 P8 点
24		点击【目标点坐标】，确定该点并记录 P8 位置。点击【指令 OK】

续表 9.3

序号	图片示例	操作步骤
25		手动移动机器人至 P9 点
26		单击【指令】→【运动】→【LIN】，然后点击【指令 OK】，P9 点位记录完成

续表 9.3

序号	图片示例	操作步骤
27		单击【指令】,选择【运动】→【LIN】,点击程序中的"P"点位,将其改为 P1 点。至此直线运行实例结束

9.4 物料搬运实例

本实例使用搬运模块,通过物料搬运操作来介绍 KUKA 机器人 I/O 模块输出信号的使用。

通过输出机器人通用数字 I/O 信号 OUT7,驱动电磁阀,产生气压通过真空发生器后,连接至吸盘。

路径规划:初始点 P1→圆饼 A1 抬起点 P2→圆饼 A1 拾取点 P3→圆饼 A1 抬起点 P2→圆饼 A3 抬起点 P4→圆饼 A3 拾取点 P5→圆饼 A3 抬起点 P4→初始点 P1,如图 9.6 所示。

❋ 物料搬运实例

图 9.6 物料搬运路径规划

编程前需完成的步骤：

（1）将基础教学模块安装在实训台上。

（2）将工具安装在机器人法兰盘末端。

（3）机器人示教器钥匙开关选择 T1 模式。

（4）将用户组设置成"专家"模式。

物料搬运实例的操作步骤见表 9.4。

表 9.4　物料搬运实例的操作步骤

序号	图片示例	操作步骤
1		利用"*XYZ* 4 点法"和"*ABC* 2 点法"建立工具坐标系"2"（"2"为坐标系编号，操作步骤详见 5.1.2 节）
2		利用 3 点法建立基坐标系"2"（"2"为坐标系编号，操作步详见 5.2.2 节）

续表 9.4

序号	图片示例	操作步骤
3		按【主菜单】键，显示存储数据的磁盘。一般默认保存在文件夹 R1—Program 中
4		选择【新】

续表9.4

序号	图片示例	操作步骤
5		可选择【Modul 模块】模块，进行创建程序，然后点击【OK】按钮
6		将程序命名为"HD1"，单击键盘中的回车键。程序名创建完成

续表 9.4

序号	图片示例	操作步骤
7		单击下方【打开】
8		将光标置于 "INI" 程序行 注：可将第 4 行和第 6 行 HOME 行程序删掉或将其改为 P1 点,本书中将其删掉

续表 9.4

序号	图片示例	操作步骤
9	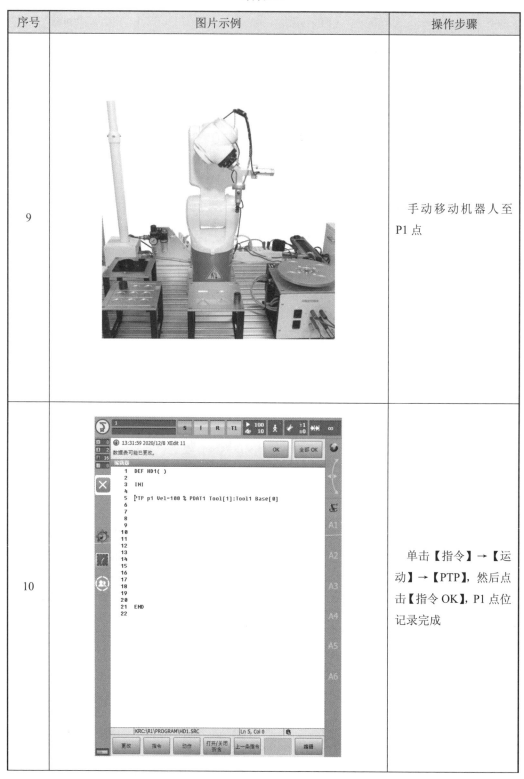	手动移动机器人至 P1 点
10		单击【指令】→【运动】→【PTP】，然后点击【指令 OK】，P1 点位记录完成

续表 9.4

序号	图片示例	操作步骤
11	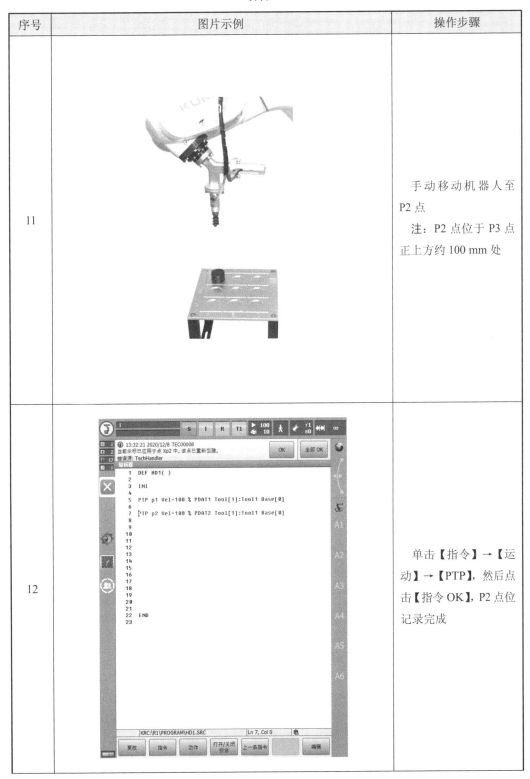	手动移动机器人至 P2 点 注：P2 点位于 P3 点正上方约 100 mm 处
12		单击【指令】→【运动】→【PTP】，然后点击【指令 OK】，P2 点位记录完成

续表 9.4

序号	图片示例	操作步骤
13		手动移动机器人至 P3 点
14		单击【指令】→【运动】→【LIN】，然后点击【指令 OK】，P3 点位记录完成

续表 9.4

序号	图片示例	操作步骤
15		单击【指令】→【逻辑】→【OUT】→【OUT】,就配置好输出信号:OUT 7 vacuum,信号状态为 TRUE。然后单击【指令】→【逻辑】→【WAIT】,延时1 s 注:信号输出可能会提前打开,CONT 需换成空白
16		手动移动机器人至P2 点 注:P2 点位于 P3 点正上方约 100 mm 处

续表 9.4

序号	图片示例	操作步骤
17		单击【指令】→【运动】→【LIN】，点击程序中的"P"点位，将其改为 P2 点
18		手动移动机器人至 P4 点 注：P4 点位于 P5 点正上方约 100 mm 处

续表 9.4

序号	图片示例	操作步骤
19		单击【指令】→【运动】→【LIN】，然后点击【指令 OK】，P4 点位记录完成
20		手动移动机器人至 P5 点

续表 9.4

序号	图片示例	操作步骤
21		单击【指令】→【运动】→【LIN】，然后点击【指令 OK】，P5 点位记录完成
22		单击【指令】→【逻辑】→【OUT】→【OUT】，就配置好输出信号：OUT 7 vacuum，信号状态为 FALSE。然后单击【指令】→【逻辑】→【WAIT】，延时 1 s 注：输出信号可能会提前打开，CONT 需换成空白

续表 9.4

序号	图片示例	操作步骤
23		手动移动机器人至 P4 点 注：P4 点位于 P5 点正上方约 100 mm 处
24		单击【指令】→【运动】→【LIN】，点击程序中的"P"点位，将其改为 P4 点

续表 9.4

序号	图片示例	操作步骤
25		单击【指令】→【运动】→【PTP】，点击程序中的"P"点位，将其改为 P1 点。至此物料搬运实例结束

9.5 异步输送带物料检测实例

本实例使用异步输送带模块，通过物料检测与物料搬运操作来介绍机器人 I/O 模块的输入/输出信号的使用。

在硬件连接时，使用机器人通用数字输出信号 OUT07，驱动电磁阀，产生气压通过真空发生器后，连接至真空吸盘。

※ 异步输送带物料检测实例

并将输送带末端的光电传感器检测信号接入 I/O 模块中数字输入信号 IN07，当物料到达时，机器人进行信号检测。

路径规划：初始点 P1→圆饼抬起点 P2→圆饼抬取点 P3→圆饼抬起点 P2→圆饼抬起点 P4→圆饼抬取点 P5→圆饼抬起点 P4→初始点 P1。如图 9.7 所示。

图 9.7 输送带物料检测动作路径规划

编程前需完成的步骤：

（1）将基础教学模块安装在实训台上。

（2）将工具安装在机器人法兰盘末端。

（3）机器人示教器钥匙开关选择 T1 模式。

（4）将用户组设置成"专家"模式。

异步输送带检测实例步骤见表 9.5。

表 9.5　输送线物料检测实例步骤

序号	图片示例	操作步骤
1		利用"*XYZ* 4 点法"和"ABC 2 点法"建立工具坐标系"2"（"2"为坐标系编号，操作步骤详见 5.1.2 节）
2		利用 3 点法建立基坐标系"3"（"3"为坐标系编号，操作步骤详见 5.2.2 节）

续表9.5

序号	图片示例	操作步骤
3		按【主菜单】键，显示存储数据的磁盘。一般默认保存在文件夹 R1—Program 中
4		选择【新】

续表 9.5

序号	图片示例	操作步骤
5		可选择【Modul 模块】模块,进行创建程序,然后点击【OK】按钮
6		将程序命名为"HD4",单击键盘中的回车键。程序名创建完成

续表9.5

序号	图片示例	操作步骤
7		单击下方【打开】
8		将光标置于"INI"程序行 注：可将第3行和第5行 HOME 行程序删掉或将其改为 P1 点,本书中将其删掉

续表 9.5

序号	图片示例	操作步骤
9	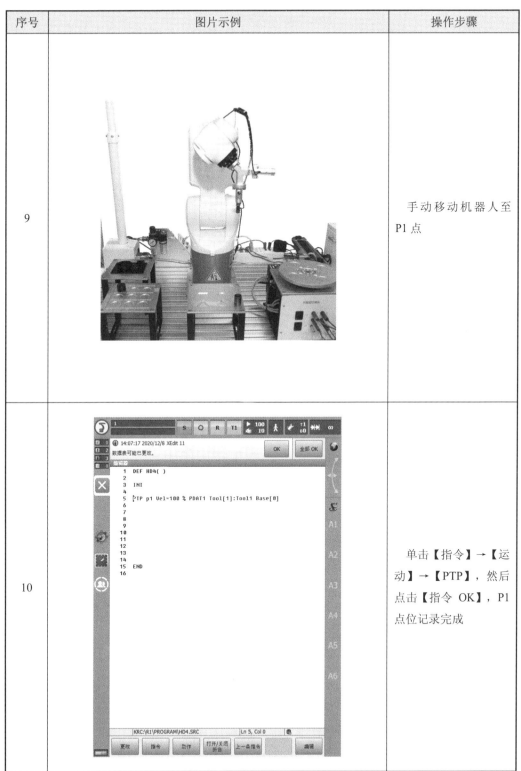	手动移动机器人至 P1 点
10		单击【指令】→【运动】→【PTP】，然后点击【指令 OK】，P1点位记录完成

续表 9.5

序号	图片示例	操作步骤
11		手动移动机器人至 P2 点 **注**：P2 点位于 P3 点正上方约 100 mm 处
12		单击【指令】→【运动】→【PTP】，然后点击【指令 OK】，P2 点位记录完成

续表 9.5

序号	图片示例	操作步骤
13		单击【指令】→【逻辑】→【WAITFOR】，配置检测输入信号 IN07，等待其值为 TRUE 注：如果未检测到输入信号，机器人将一直等待，直至检测到有输入信号，才能执行下一步动作
14		手动移动机器人至 P3 点

续表 9.5

序号	图片示例	操作步骤
15		单击【指令】→【运动】→【LIN】，然后点击【指令 OK】，P3 点位记录完成
16		单击【指令】→【逻辑】→【OUT】→【OUT】，就配置好输出信号：OUT 7 vacuum，信号状态为 TRUE。然后单击【指令】→【逻辑】→【WAIT】，延时 1 s 注：输出信号可能会提前打开，CONT 需换成空白

续表9.5

序号	图片示例	操作步骤
17		手动移动机器人至P2点 注：P2点位于P3点正上方约100 mm处
18		单击【指令】→【运动】→【LIN】，点击程序中的"P"点位，将其改为P2点，然后点击【指令OK】

续表 9.5

序号	图片示例	操作步骤
19	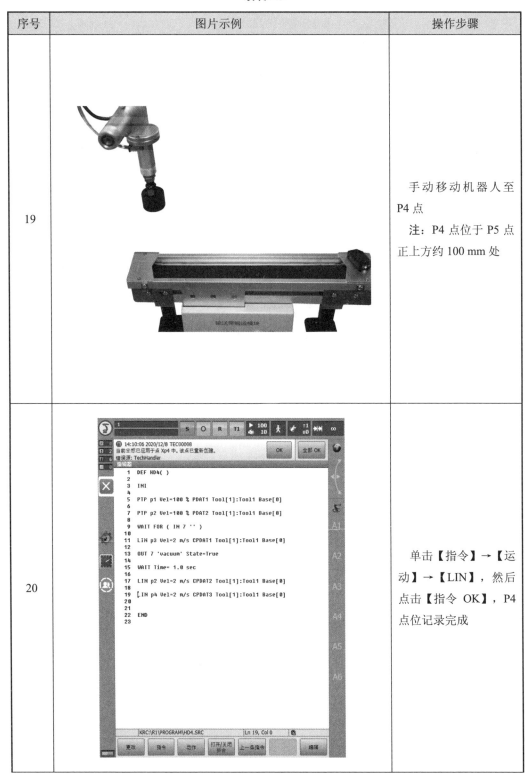	手动移动机器人至 P4 点 注：P4 点位于 P5 点正上方约 100 mm 处
20		单击【指令】→【运动】→【LIN】，然后点击【指令 OK】，P4 点位记录完成

续表 9.5

序号	图片示例	操作步骤
21		手动移动机器人至 P5 点
22		单击【指令】→【运动】→【LIN】，然后点击【指令 OK】，P5 点位记录完成

续表9.5

序号	图片示例	操作步骤
23		单击【指令】→【逻辑】→【OUT】→【OUT】，就配置好输出信号：OUT 7 vacuum，信号状态为FALSE。然后单击【指令】→【逻辑】→【WAIT】，延时1 s 注：输出可能会提前打开，CONT需换成空白
24		手动移动机器人至P4点 注：P4点位于P5点正上方约100 mm处

续表9.5

序号	图片示例	操作步骤
25		单击【指令】→【运动】→【LIN】，点击程序中的"P"点位，将其改为 P4 点，然后点击【指令 OK】
26		单击【指令】→【运动】→【LIN】，点击程序中的"P"点位，将其改为 P1 点，然后点击【指令 OK】。至此异步输送带物料检测编程完成

思考题

一、填空题

1. KUKA 机器人的程序数据一般默认保存在文件夹_____中。

2. 编程前需要确认_____坐标与_____坐标。

二、简答题

1. 编程前的准备工作有哪些？

2. 圆弧运动有哪些图形组成？

3. 异步输送带物料检测实例操作步骤分为几步？

第10章 机器人零点标定

本章介绍 KUKA 机器人零点标定的意义、原理及方法，让读者掌握 KUKA 机器人零点标定的原理知识和操作方法。

10.1 零点标定意义

10.1.1 零点标定目的

零点标定目的：使控制器里的内部位置数据和旋转编码器反馈的数据保持一致。只有工业机器人得到充分和正确的标定零点，机器人的使用效果才会最好，机器人才能达到最高的点精度和轨迹精度，完全能够匹配编程设定的动作运动。

※ 机器人零点标定

如果机器人未经零点标定，则会严重限制机器人的功能：

（1）无法编程运行，不能沿编程设定的点运行。

（2）无法在手动运行模式下手动平移，不能在坐标系中移动。

（3）软件限位开关关闭。

10.1.2 零点标定情况

原则上，机器人必须时刻处于已标定零点的状态。 在以下情况必须进行零点标定：

（1）在开始运行时，RDC 数据异常。

（2）对定位值感测的部件（例如带分解器或 RDC 的电机）进行了维护后。

（3）未用控制器移动机器人轴（例如借助于自由旋转装置）。

（4）进行了机械修理后（例如更换传动装置、发生强烈碰撞），必须先删除机器人的原有零点，然后重新标定零点。

10.2 零点标定原理

零点标定原理：手动移动或者借助辅助工具将机器人移动至机械零点标定位置处，将当前 RDC 电机数据保存至控制器。

KR4 R600 机器人预零点标定位置如图 10.1 所示。

（a）A1 轴　　　　　　　（b）A2 轴　　　　　　　（c）A3 轴

（d）A4 轴　　　　　　　（e）A5 轴　　　　　　　（f）A6 轴

图 10.1　KR4R600 预零点标定位置

KR4 R600 机器人零点标定位置姿态如图 10.2 所示，零点标定位置数据见表 10.1。

图 10.2　机器人零点标定位置姿态

表 10.1　KR4 R600 机器人零点标定位置数据

轴	零点标定位置值
A1	0°
A2	−90°
A3	90°
A4	80°
A5	0°
A6	0°

10.3　零点标定方法

　　KUKA 机器人零点标定有 3 种方法：千分表法、EMD 法和预零点标定位置法，如图 10.3 所示。本章以使用 EMD 和使用预零点标定位置为例，说明零点标定操作步骤。

（a）千分表法　　　　　　　　　（b）EMD 法　　　　　　　　　（c）预零点标定位置法

图 10.3　KUKA 机器人零点标定方法

10.3.1 使用 EMD 进行零点标定

完整的零点标定过程包括为每一个轴标定零点。技术辅助工具 EMD（Electronic Mastering Device，即电子控制仪，如图 10.4 所示）可为任何一根轴在机械零点位置指定一个基准值（例如：0°），使轴的机械位置和电气位置保持一致。

图 10.4　EMD（电子控制仪）

使用 EMD 标定零点流程：机器人每根轴都配有一个零点标定测量套筒和一个零点标定标记，通过手动操作机器人运动，直至达到机械零点位置，使得探针到达轴相应测量槽的最深点，如图 10.5 所示。

1—EMD
2—测量套筒
3—探针
4—测量槽
5—预零点标定标记

（a）标定前　　　　　　　　（b）标定完成

图 10.5　EDM 校准流程

使用 EDM 校准的操作步骤见表 10.2。

表 10.2　使用 EMD 校准的操作步骤

序号	图片示例	操作步骤
1		通过关节运动方式，将需要标定的轴，手动移动至预零点标定位置
2		调整模式为 T1 模式，无选择程序，启动键正常
3		将 EMD 按照图示连接

续表 10.2

序号	图片示例	操作步骤
4		将 EMD 的一端接入机器人基座 X32 端口上
5		使用 EMD 带有一字头的一端拧开标定头盖子
6		显示出标定测量筒

续表 10.2

序号	图片示例	操作步骤
7	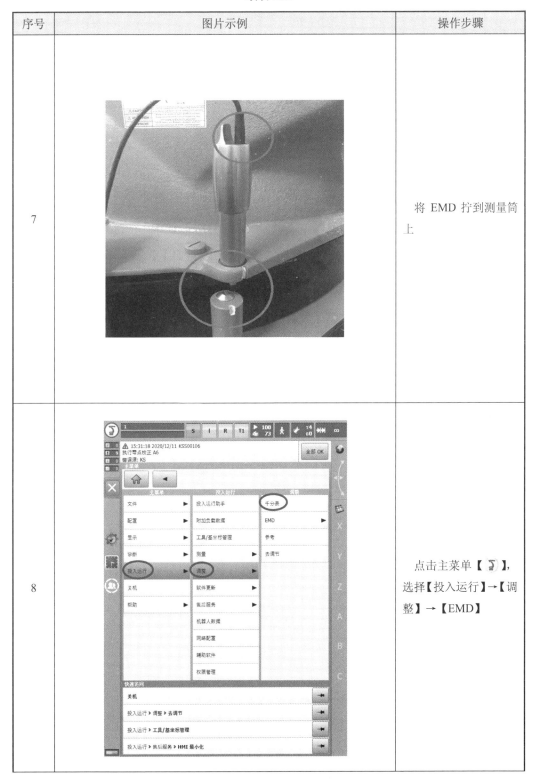	将 EMD 拧到测量筒上
8	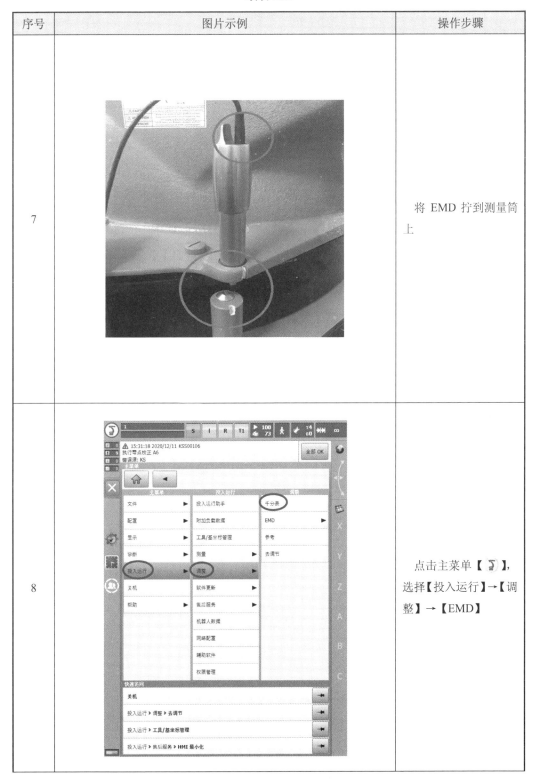	点击主菜单【 🔁 】，选择【投入运行】→【调整】→【EMD】

续表 10.2

序号	图片示例	操作步骤
9		选择【标准】→【执行零点校正】 注：校准时需在无负载状态下进行
10		EMD 未连接时显示红色

续表 10.2

序号	图片示例	操作步骤
11		EMD 连接成功后显示绿色，在零点标定区域内的 EMD 也显示绿色，点击【校正】 注：在零点标定区域内的 EMD 显示红色，则需要手动移动机器人当前标定轴至指定位置，应向正方向多一点
12		按下【确认开关】，并按住【启动键】

续表 10.2

序号	图片示例	操作步骤
13		EMD 通过了测量切口的最低点，则已到达零点标定位置，机器人自动停止运行，数值被储存，该轴标定信息在窗口中消失
14		将测量导线从 EMD 上取下，然后从测量筒上取下 EMD，并将防护盖重新装好。 依照以上步骤对所有需要校准的轴进行校准，完成校准后会显示无轴可校正

10.3.2 使用预零点标定位置进行标定

使用预零点标定位置的标定方法，只能很粗略的进行机器人零点标定，标定完成后的位置与实际位置有很大差异。在机器人实际使用过程中建议使用 EMD 标定方法进行标定。

使用预零点标定位置的标定方法具体步骤见表 10.3。

表 10.3　使用预零点标定位置校准步骤

序号	图片示例	操作步骤
1		通过手动操纵将机器人 6 个轴移动至预零点标定位置
2		点击主菜单【Σ】，选择【投入运行】→【调整】→【参考】

续表 10.3

序号	图片示例	操作步骤
3	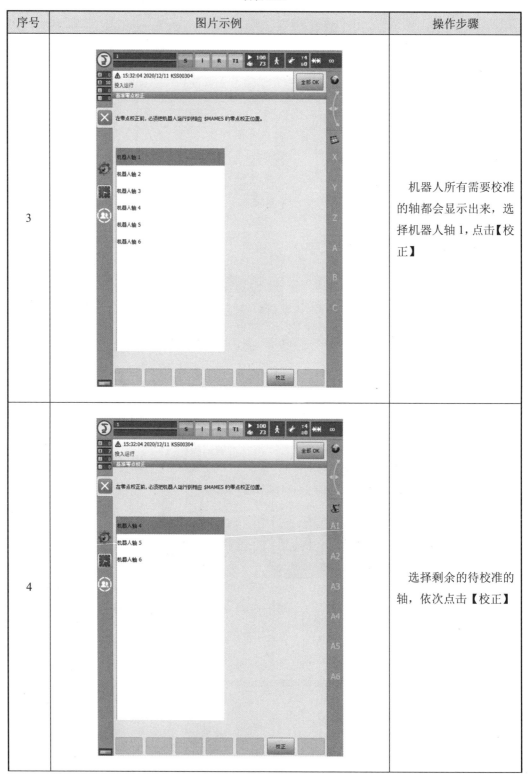	机器人所有需要校准的轴都会显示出来，选择机器人轴 1，点击【校正】
4		选择剩余的待校准的轴，依次点击【校正】

续表 10.3

序号	图片示例	操作步骤
5		校准完成，显示无轴可校正

思考题

一、填空题

1. KUKA 机器人零点标定有 3 种方法：_____、_____和_____。

2. KUKA 机器人在以下情况必须进行零点标定：_____、_____、_____和_____。

二、简答题

1. 机器人零点标定的意义？

2. 什么情况下需要零点标定？

3. KUKA KR4 R600 机器人的每轴零点位置数据是什么？

4. 简述 KUKA 机器人使用 EMD 进行零点标定的步骤。

5. 简述 KUKA 机器人使用预零点标定位置进行标定的步骤。

第11章 KUKA 机器人离线仿真

离线编程可以在不消耗任何实际生产资源的情况下对实际生产过程进行动态模拟，利用该技术可优化工业产品设计，通过虚拟装配避免或减少物理模型的制作，缩短开发周期，降低成本；同时通过建设数字工厂，直观地展示工厂、生产线、产品虚拟样品以及整个生产过程，为员工培训、实际生产制造和方案评估带来便捷。

11.1 仿真软件简介

KUKA 公司针对 KUKA 机器人开发了专用的离线编程软件，主要由 Sim Pro 和 OfficeLite 两个软件组合使用，目前两款软件已经更新到 Sim Pro 3.1 和 OfficeLite 8.7，如图 11.1 所示。

※ 离线仿真软件介绍

OfficeLite 8.7 是一个虚拟的机器人控制器，即一个虚拟的机器人示教器。它需要在虚拟机中运行，实际机器人示教器具有的功能，它全部能够模拟运行。

（a）Sim Pro 软件　　　　　　　　（b）Office Lite 软件

图 11.1　KUKA 机器人离线编程软件

11.1.1　Sim Pro 软件

KUKA Sim Pro 可以优化设备和机器人的使用情况，以便获得更大的灵活度和更高的生产率。由于在虚拟环境中采用先进的图形方式编程，设备完全可以灵活应对实际的任务以及模拟生产环境。

KUKA Sim Pro 软件的功能有：

（1）通过直观的操作界面以及众多功能和模块，KUKA Sim Pro 可以提供最佳解决方案并在离线编程时的效率最高。

（2）轻松创建布局图。在项目早期阶段，可以通过 KUKA Sim Pro 为实际生产设备创建最好的布局图，如图 11.2 所示。可以用拖拽方式方便地将组件从电子编目中放到所需的位置上。方便检查替代方案并对成本最低的方案进行验证。

（3）电子编目和参数建模。eCatalog 中的大多数组件都已设定了参数。例如，可以应用一个护栏并根据用户要求调整高度或宽度。在电子编目中主要有夹持器、输送带和护栏。

（4）可达性检查和碰撞识别。可以通过可达性检查和碰撞识别来确保机器人程序和工作单元布局图可以实现。

（5）使用方便、高效的离线编程。可以直接用 KUKA 机器人语言（KRL）编写机器人程序，无须后处理程序，如图 11.3 所示。在离线编程时，可以通过工件测量工具获得相关尺寸。此外，现场创建的程序可以被逐一读入到可以用来检查程序的 KUKA OfficeLite 中。

（6）支持智能组件。可以为机械设计几何图形加入运动功能，例如夹持器、焊枪、机床等，使得机械设计更加灵活方便。且 I/O 组件之间通过信号向导可以实现 I/O 信号通信。

图 11.2　KUKA Sim Pro 设计布局图　　　　图 11.3　KUKA 机器人动作仿真

KUKA Sim Pro 3.1 软件安装要求见表 11.1。

表 11.1　KUKA Sim Pro 3.1 软件安装要求

硬件	最低要求	推荐配置
CPU	Intel i5 或同等标准	Intel i7 或同等标准
内存	4 GB	8 GB 或更高
磁盘空间	40 GB	40 GB
图形适配器	AMD 440 集成显卡或同等标准	NVIDIA 显卡
屏幕分辨率	1 280×1 024	1 920×1 080（全高清）或更高
软件	配置要求	
操作系统	Windows 7（64 位）或 Windows 10（64 位）	

11. 1. 2　Office Lite 软件

OfficeLite 是虚拟的 KUKA 机器人示教器，如图 11.1（b）所示。通过该编程系统，可在任何一台计算机上离线创建并优化程序。创建完成的程序可直接传输给机器人并可确保即时形成生产力。

OfficeLite 与 KUKA KR C4 系统软件几乎完全相同。通过使用原 KUKA SmartHMI 和 KRL 语言句法，其离线操作和编程与机器人操作和编程完全相同。

该编程系统与 KUKA 系统软件具有相同的特性，具体特性如下：

➢ 各个版本的 KUKA 系统软件所有功能全部可用（硬件不能与外围设备连接）；
➢ 用可用的程序编译器和解释器进行 KRL 句法检查；
➢ 可以创建可执行的 KRL 应用程序；
➢ 实时控制机器人应用程序的执行，改进节拍时间；
➢ 可以随时或定期在标准计算机上优化程序；
➢ 模拟数字式输入端信号，用于测试 KRL 程序中的信号查询；
➢ 能够与 KUKA.Sim Pro 进行 I/O 模拟；
➢ 相同的外观感觉像真正的控制器 UI；
➢ 采用虚拟机器，独立又灵活。

KUKA OfficeLite 软件的系统要求见表 11.2。

表 11.2　KUKA OfficeLite 软件的系统要求

序号	系统要求
1	WIN 7（64 位）或 WIN 10（64 位）
2	Intel i5 处理器或类似处理器
3	4 GB RAM，15 GB 硬盘可用空间
4	VMware® Workstation Pro 或 VMware® Workstation Player 12.0 或更高版本
5	KUKA WorkVisual 4.0 或更高版本

11.2　离线编程简介

KUKA 机器人离线编程操作，不仅可以通过 KUKA 机器人仿真软件 SimPro 和 Office Lite 组合，还可以通过 OrangeEdit 和 WorkVisual 等离线编程工具来实现。

11.2.1　OrangeEdit 软件

OrangeEdit 是一款可以进行简单编程的工具，软件提供良好的代码编辑方案。根据软件的提示，用户在软件中选择编辑的函数类型（内置 126 种函数类型），可以在查找功能上选取需要的函数代码，通过加载函数代码，可以在编程的时候找到直接使用的素材，从而提高编辑的速度。OrangeEdit 支持设计 KRL 代码，内置 KRL 的逻辑编程模板。如果是第一次编辑，可以直接选取模板快速构建编程的框架，并对编辑的代码进行语法检查，搜索出错误的地方进行修改，OrangeEdit 软件界面如图 11.4 所示。

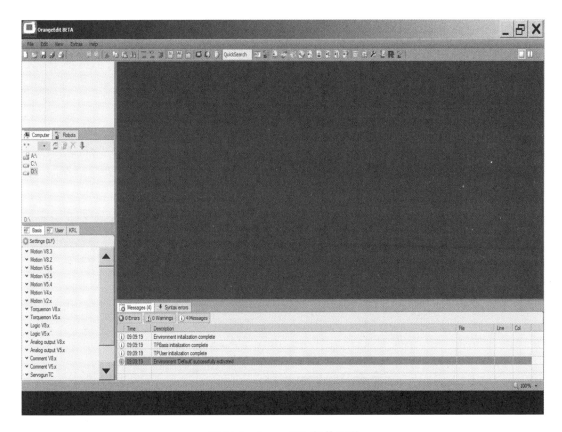

图 11.4　OrangeEdit 软件界面

11. 2. 2　WorkVisual 软件

1. 简介

WorkVisual 软件是用于由 KR C4 控制的机器人工作单元的工程环境，主要用于离线编程及通讯配置。示教器里的程序可以在软件中显示并编辑；也可用于 KUKA 机器人的 I/O 信号配置以及相关现场总线配置、焊钳配置等。其界面如图 11.5 所示。

WorkVisual 具有以下功能：

➢ 架构并连接现场总线；

➢ 对机器人离线编程；

➢ 配置机器参数；

➢ 离线配置 RoboTeam；

➢ 编辑安全配置；

➢ 将项目传送给机器人控制系统；

➢ 将项目与其他项目进行比较，如果需要则应用差值；

➢ 管理备选软件包；

➢ 配置测量记录、启动测量记录、分析测量记录（用示波器）；

➢ 调试程序。

图 11.5　WorkVisual 软件界面

2. 安装

通过 KUKA 官方网站或者购买机器人时的随机光盘获取 WorkVisual 软件安装包，具体安装步骤见表 11.3。

表 11.3　WorkVisual 软件安装步骤

序号	图片示例	操作步骤
1	DDDSource　　　　　　2020/7/7 14:59　文件夹 DeviceDescriptions　　2020/7/7 14:59　文件夹 DOC　　　　　　　　2020/7/7 14:59　文件夹 DotNetFX461　　　　　2020/7/7 14:59　文件夹 DotNetFX461LanguagePack　2020/7/7 14:59　文件夹 LICENSE　　　　　　2020/7/7 14:57　文件夹 Prerequisites　　　　　2020/7/7 14:59　文件夹 Tools　　　　　　　　2020/7/7 14:59　文件夹 WindowsInstaller3_1　　2020/7/7 14:59　文件夹 WindowsInstaller4_5　　2020/7/7 14:59　文件夹 WinPcap　　　　　　2020/7/7 14:59　文件夹 ReleaseNotes.txt　　　2020/7/7 12:50　文本文档　　57 KB setup.exe　　　　　　2020/7/7 12:59　应用程序　　807 KB WorkVisualSetup.msi　　2020/7/7 13:21　Windows Install...　236,559 KB	打开 WorkVisual 软件安装包文件，双击【setup】进行安装
2	**WorkVisual 6.0 Setup**　　　　　　—　□　× Welcome to the WorkVisual 6.0 Setup Wizard The Setup Wizard will install WorkVisual 6.0 on your computer. Click Next to continue or Cancel to exit the Setup Wizard. Back　Next　Cancel	点击【Next】
3	**WorkVisual 6.0 Setup**　　　　　　—　□　× **End-User License Agreement** Please read the following license agreement carefully V30.01.04 1 Please read the following License carefully. By purchasing the Software product, or by installing or using it, Licensee agrees with the terms and conditions contained herein: **Software License Terms** 1. The subject matter of this License is the Software product which has been pre-installed or recorded on a data medium, including contents such as illustrations, diagrams, text and sample applications, and all associated ☑ I accept the terms in the License Agreement Print　Back　Next　Cancel	勾选许可声明，点击【Next】

续表11.3

序号	图片示例	操作步骤
4		根据要求选择安装类型，选择【Complete】
5		点击【Install】
6		正在安装中，Status 状态显示当前安装的进度状态

续表 11.3

序号	图片示例	操作步骤
7	WorkVisual 6.0 Setup Completed the WorkVisual 6.0 Setup Wizard Click the Finish button to exit the Setup Wizard. Back　Finish　Cancel	点击【Finish】，完成安装

11.3　WorkVisual 离线编程应用

11.3.1　通信连接

1. 硬件连接

WorkVisual 软件通过计算机以太网端口与 KUKA 机器人控制器连接，连接通信线为普通网线。网线一头插入计算机以太网口，另一头插入 KRC5 micro 控制器 XF1 端口，接口示意图如图 11.6 所示。

❋ WorkVisual 离线编程应用

图 11.6　接口示意图

2. 软件连接

完成了硬件连接后，需要进行软件连接操作，具体步骤见表 11.4。

表 11.4　WorkVisual 软件连接操作

序号	图片示例	操作步骤
1		双击图标，打开软件
2		打开软件后会显示 DTM 样本管理，点击【取消】 注：如果后期工程需要的话，可以手动打开 DTM 样本管理
3		打开 WorkVisual 项目浏览器，选择【查找】，"可用的单元"窗口会自动搜索到 KUKA 机器人控制器，点击【更新】，可以再次搜索

续表 11.4

序号	图片示例	操作步骤
4		选择当前控制器项目，选择当前激活的项目，点击【打开】
5		软件会自动获取当前控制的项目信息，完成通信连接

11.3.2　离线程序编辑

WorkVisual 软件可以进行 KUKA 机器人离线编程，主要用于程序逻辑编程。对于机器人运动指令中的目标点问题，最好的方式是通过示教器进行在线示教。使用 WorkVisual 软件进行简单编程的操作步骤见表 11.5。

表 11.5　WorkVisual 软件简单编程的操作步骤

序号	图片示例	操作步骤
1		建立 WorkVisual 软件和控制器连接，确认能连接控制器后，点击【退出】
2		点击【编程和诊断】
3		点击【】，创建连接

续表 11.5

序号	图片示例	操作步骤
4		选择当前机器人控制系统，点击【OK】
5		WorkVisual 软件下载控制器程序，展开当前程序树至 Program 文件夹，点击【➕】，新建一个程序
6		选择在线模板中的【Modul】，更改程序名称为 "PROG_OFFLINE"

工业机器人编程基础（KUKA 机器人）

续表 11.5

序号	图片示例	操作步骤
7	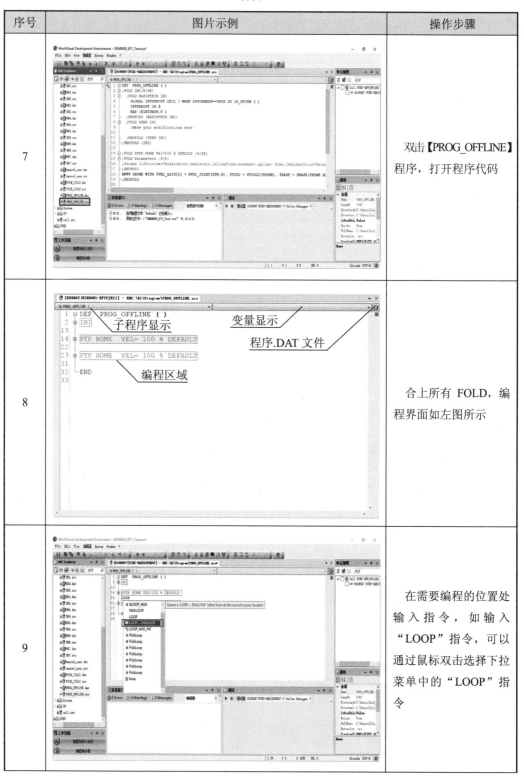	双击【PROG_OFFLINE】程序，打开程序代码
8		合上所有 FOLD，编程界面如左图所示
9		在需要编程的位置处输入指令，如输入"LOOP"指令，可以通过鼠标双击选择下拉菜单中的"LOOP"指令

续表 11.5

序号	图片示例	操作步骤
10		选择【指令 OK】
11		程序会自动补充完成 "LOOP" 指令格式
12		在 "LOOP" 循环中，添加指令 注：如果指令错误会在提示窗口中显示

11.3.3 程序下载与调试

完成 WorkVisual 软件离线编程后，需要将程序下载至控制器，具体步骤见表 11.6。

表 11.6 WorkVisual 软件连接操作

序号	图片示例	操作步骤
1		完成程序编写，确认无误后，选择【Program】→【传送改动】
2		提示保存文件，点击【确定】
3		点击【确定】，等待访问权限，需要机器人控制器授权

续表 11.6

序号	图片示例	操作步骤
4		用户组权限需为【专家】模式，点击【是】，允许授权
5		传送完成，点击【撤销】

续表 11.5

序号	图片示例	操作步骤
6		示教器里已经出现了 WorkVisual 软件编辑的程序，点击【选定】，进行调试
7		程序无错误，则可以进行调试 注：机器人动作指令可以在程序里手动添加

思考题

一、填空题

1. KUKA 机器人的离线编程和仿真软件主要有：＿＿＿＿＿＿、＿＿＿＿＿＿、＿＿＿＿＿＿和＿＿＿＿＿＿。

2. WorkVisual 软件通过 PC 端以太网端口与 KUKA 机器人控制器＿＿＿＿＿＿＿端口连接。

二、选择题

1. KUKA Sim Pro 软件的功能有哪些？

2. WorkVisual 功能有哪些？

3. WorkVisual 如何安装？

4. WorkVisual 和电脑怎样通信？

参考文献

[1] 张明文. 工业机器人入门实用教程（ABB 机器人）[M]. 2 版. 北京：人民邮电出版社，2019.

[2] 张明文. 工业机器人入门实用教程（FANUC 机器人）[M]. 哈尔滨：哈尔滨工业大学出版社，2017.

先进制造业学习平台

先进制造业职业技能学习平台

工业机器人教育网（www.irobot-edu.com）

先进制造业互动教学平台

海渡职校APP

一键下载
收入口袋

专业的教育平台	先进制造业垂直领域在线教育平台
更轻的学习方式	随时随地、无门槛实时线上学习
全维度学习体验	理论加实操,线上线下无缝对接
更快的成长路径	与百万工程师在线一起学习交流

领取专享积分

下载"海渡职校APP"，进入"学问"—"圈子"，
晒出您与本书的合影或学习心得，即可领取超额积分。

积分兑换

专家课程

实体书籍

实物周边

线下实操

步骤一

登录"工业机器人教育网"

www.irobot-edu.com，菜单栏单击【职校】

步骤二

单击菜单栏【在线学堂】下方找到您需要的课程

步骤三

课程内视频下方单击【课件下载】

教学课件下载步骤

咨询与反馈

尊敬的读者：

感谢您选用我们的教材！

本书有丰富的配套教学资源，在使用过程中，如有任何疑问或建议，可通过邮件（edubot@hitrobotgroup.com）或扫描右侧二维码，在线提交咨询信息。

全国服务热线：400-6688-955

（教学资源建议反馈表）

先进制造业人才培养丛书

■ 工业机器人

教材名称	主编	出版社
工业机器人技术人才培养方案	张明文	哈尔滨工业大学出版社
工业机器人基础与应用	张明文	机械工业出版社
工业机器人技术基础及应用	张明文	哈尔滨工业大学出版社
工业机器人专业英语	张明文	华中科技大学出版社
工业机器人入门实用教程(ABB机器人)	张明文	哈尔滨工业大学出版社
工业机器人入门实用教程(FANUC机器人)	张明文	哈尔滨工业大学出版社
工业机器人入门实用教程(汇川机器人)	张明文、韩国震	哈尔滨工业大学出版社
工业机器人入门实用教程(ESTUN机器人)	张明文	华中科技大学出版社
工业机器人入门实用教程(SCARA机器人)	张明文、于振中	哈尔滨工业大学出版社
工业机器人入门实用教程(珞石机器人)	张明文、曹华	化学工业出版社
工业机器人入门实用教程(YASKAWA机器人)	张明文	哈尔滨工业大学出版社
工业机器人入门实用教程(KUKA机器人)	张明文	哈尔滨工业大学出版社
工业机器人入门实用教程(EFORT机器人)	张明文	华中科技大学出版社
工业机器人入门实用教程(COMAU机器人)	张明文	哈尔滨工业大学出版社
工业机器人入门实用教程(配天机器人)	张明文、索利洋	哈尔滨工业大学出版社
工业机器人知识要点解析(ABB机器人)	张明文	哈尔滨工业大学出版社
工业机器人知识要点解析(FANUC机器人)	张明文	机械工业出版社
工业机器人编程及操作(ABB机器人)	张明文	哈尔滨工业大学出版社
工业机器人编程操作(ABB机器人)	张明文、于霜	人民邮电出版社
工业机器人编程操作(FANUC机器人)	张明文	人民邮电出版社
工业机器人编程基础(KUKA机器人)	张明文、张宋文、付化举	哈尔滨工业大学出版社
工业机器人离线编程	张明文	华中科技大学出版社
工业机器人离线编程与仿真(FANUC机器人)	张明文	人民邮电出版社
工业机器人原理及应用(DELTA并联机器人)	张明文、于振中	哈尔滨工业大学出版社
工业机器人视觉技术及应用	张明文、王璐欢	人民邮电出版社
智能机器人高级编程及应用(ABB机器人)	张明文、王璐欢	机械工业出版社
工业机器人运动控制技术	张明文、王璐欢	机械工业出版社
工业机器人系统技术应用	张明文、顾三鸿	哈尔滨工业大学出版社

■ 智能制造

教材名称	主编	出版社
智能制造与机器人应用技术	张明文、王璐欢	机械工业出版社
智能控制技术专业英语	张明文、王璐欢	机械工业出版社
智能制造技术及应用教程	谢力志、张明文	哈尔滨工业大学出版社
智能运动控制技术应用初级教程(翠欧)	张明文	哈尔滨工业大学出版社
智能协作机器人入门实用教程(优傲机器人)	张明文、王璐欢	机械工业出版社
智能协作机器人技术应用初级教程(遨博)	张明文	哈尔滨工业大学出版社
智能移动机器人技术应用初级教程(博众)	张明文	哈尔滨工业大学出版社
智能制造与机电一体化技术应用初级教程	张明文	哈尔滨工业大学出版社
PLC编程技术应用初级教程(西门子)	张明文	哈尔滨工业大学出版社

教材名称	主编	出版社
智能视觉技术应用初级教程(信捷)	张明文	哈尔滨工业大学出版社
智能制造与PLC技术应用初级教程	张明文	哈尔滨工业大学出版社

■工业互联网

教材名称	主编	出版社
工业互联网人才培养方案	张明文、高文婷	哈尔滨工业大学出版社
工业互联网与机器人技术应用初级教程	张明文	哈尔滨工业大学出版社
工业互联网智能网关技术应用初级教程(西门子)	张明文	哈尔滨工业大学出版社

■人工智能

教材名称	主编	出版社
人工智能人才培养方案	张明文	哈尔滨工业大学出版社
人工智能技术应用初级教程	张明文	哈尔滨工业大学出版社
人工智能与机器人技术应用初级教程(e.Do教育机器人)	张明文	哈尔滨工业大学出版社